Vom einfachen Leben mit der Natur

Persönliche Einblicke in Klosterwelten

SEBASTIAN MARSEILER
FOTOS: UDO BERNHART

INHALT

Kloster Marienberg

Auf der Suche nach der verlorenen Zeit

MIT SEINEN 1340 METER MEERESHÖHE IST MARIENBERG DAS AM HÖCHSTEN GELEGENE KLOSTER IN DEN ALPEN. IMPOSANT WÄCHST DER STOLZE WEISSE BAU AUS DER STEILEN BERGFLANKE. DIE VIELEN FENSTER ABER TÄUSCHEN: KLEIN IST DIE GEMEINSCHAFT, WAR SIE MEISTENS IN DER ÜBER 900 JAHRE ALTEN GESCHICHTE: DERZEIT ZÄHLT SIE NICHT MEHR ALS 13 MÖNCHE.

Kloster Marienberg

Wächter über die Stille

Am Fuße des barocken Prachtbaues duckt sich grau die Fürstenburg, deren Name mehr Programm als Realität, in der Geschichte wenig mehr als Fluchtpunkt für die bedrängen Bischöfe aus Chur. Zweigeteilt durch die junge Etsch das Dorf Burgeis zu Füßen. In weiten Serpentinen zieht sich die Staatsstraße durch den Felderteppich über den riesigen Schuttkegel der Malser Haide auf den Reschen hinauf und schief stehen die Bäume an der Straße im konstanten Wehen des Vintschgerwindes. Und wie ein Wächter über allem schwebt weltentrückt und omnipräsent das Kloster. Der Genius Loci, der so etwas trägt, muss ein besonderer sein. Warum gerade hier? Wir sind in einem uralten Gebiet der Übergänge und des Durchzugs.

Nach Marienberg muss man, wenn es nur irgendwie geht, zu Fuß hinauf. Von Burgeis aufsteigend stimmt die karge Landschaft mit Steppengehölz und Schwarzföhren ein auf ein Erlebnis der besonderen Art. Der Zivilisationslärm versiegt allmählich, bald dringt das Rauschen des Almainabachs ans Ohr, und vom massigen Kirchturm der Basilika, der sich wuchtig ins Blickfeld schiebt, schlägt die Turmuhr. Zeit scheint hier anders zu fließen.

Hat man die Pforte des hinteren Tores durchschritten, tut sich mit dem Hof eine andere Welt auf. Das Erste, was man wahrnimmt, ist die Stille. In diese Stille hinein rinnt als konstante Grundmelodie das Plätschern eines Brunnes. Diese Stille ist mehr nur als die Abwesenheit von Zivilisationsgeräuschen, sie hat etwas Forderndes, gemahnt an das *silentium sacrum*, das heilige Schweigen der Mönche. Das Relief an der Mauer hinter dem Brunnen zeigt den schreibenden heiligen Benedikt, dem ein Rabe einen Brotlaib bringt. Seit mehr als 900 Jahren leben und wirken hier Benediktiner getreu nach der Regel des *ora et labora* ihres Ordensgründers.

Die Mauern scheinen vollgesogen von Stimmen, hellen, übermütigen Knabenstimmen, über die sich ein wiegender Sog auf- und absteigender Mönchschoräle legt. Man schließt die Augen und Bilder der Erinnerung schieben sich unter die Augenlider, ein nie versiegender Strom wie der Strahl des Brunnens: Marienberg ist Erinnerung. Erinnerung an beklemmendes Fremdsein am Anfang, war aber auch eine Welt mit Fragmenten von Vertrautem aus der bäuerlichen Lebensweise. Vollkommen überdeckt von Nicht-Verstehen: Wie leben, was tun die denn da?

Abt Bruno

Begegnung mit der Ewigkeit

ABSCHIED IM KALTEN WINTERLICHT

Da ist jener Nachmittag im November 2012 im kalten Winterlicht, der Hof voller Menschen in ernsten Mienen, Leute aus den umliegenden Dörfern mit schwieligen Händen neben Prominenz aus der fernen Landeshauptstadt Bozen. Altabt Bruno wird zu Grabe getragen, gestorben in den Morgenstunden, während seine Confratres die morgendliche Laudes gesungen hatten. Hinter dem Sarg der neue Abt und eine Heerschar an kirchlichen Würdenträgern, Bischöfe und Äbte, so viele auf einmal hat das Bergkloster Marienberg wohl selten zusammen gesehen. Der Landeshauptmann gibt die letzte Ehre, gut hatten sie miteinander gekonnt, der Politiker und der Mann der Kirche, in Zeiten großen Umbruchs.

Abt Bruno mit seiner »geerdeten Spiritualität« war einer gewesen, der keine leeren Worthülsen produzierte, schnörkellos wie sein Habitus seine Gedanken, einfach wie er selbst seine Rede, die die Menschen erreichte und wenn es nur darum ging, bei einem »Zigarettl«, das er aus den unergründlichen Tiefen und Taschen seiner Kutte zog, über Gott und die Welt zu reden.

Man wird sich an die kleine Episode in Meran erinnern, man war mit dem Abt in der Stadt unterwegs, als eine Barbetreiberin, die aus dem Lokal mit einem Tableau voller Gläser überhastet zu den Straßentischen schoss, buchstäblich in den Abt hineinrannte. Verdutzt blieb sie stehen, trat einen Schritt zurück, musterte den schwarzen Kuttenmann von oben bis unten und fragte bissig, was denn er für einer sei.

Da standen sie: hie die verbiesterte Barbesitzerin, aufgedonnert mit viel Schminke und aufgeblondet und mehr Ringen an den Fingern als Fingern an den Händen, dort der gar nicht verlegene Abt in seinem mittelalterlichen schwarzen Habit, der seelenruhig erklärte, wer er sei.

Ach von da oben sei er, das sei doch der Bau, den sie immer sehe, wenn sie über den Reschen fahre – Ja da wolle sie schon lange einmal hin. Sie solle doch einmal kommen, er würde sich freuen – Ja, das werde sie gerne machen. Und schon waren beide im angeregten Gespräch. So war er, Abt Bruno, gesegnet mit einer gesunden Portion Mutterwitz, ein Menschenfischer auf seine Art, gern bei den Menschen und gern von ihnen gesehen und eingeladen. Keiner von den Lauen, »denn die Lauen spucke ich aus, sagt der Herr«.

Schier endlos windet sich der Trauerzug hinaus Richtung St. Stephan zur letzten Ruhestätte. Das monotone Gemurmel des Totenrosenkranzes, *Herrgibihmdieewigeruheunddasewigelicht-leuchteihm* legt sich wie ein Totentuch über die archaische Landschaft in ihren graubraunen Novembertönen. Das kleine Geviert des Friedhofs der Kapelle kann die vielen Menschen nicht fassen, in Trauben stehen sie um die Außenmauern in steilem Gelände, aus der Ferne anzusehen wie Ansammlungen schwarzer Insekten.

Die Trauerweisen der Musikkapelle, gespielt mit kälteklammen Fingern auf verfrorenen Instrumenten, verlieren sich in der Weite der Landschaft. Die lateinischen Totengebete, *requiem aeternam dona ei, Domine et lux perpetua luceat ei:* Oft waren sie gebetet worden in den letzten dreißig Jahren!

Man erinnert sich an die Angst als kleiner Stiftsschüler, wenn ein Verstorbener aufgebahrt auf offenem Katafalk dalag, in schlichter, schwarzer Kutte mit übergezogener Kapuze, die lediglich ein enges Oval wachsweißen Gesichtes freiließ. Bilder des Todes und des *memento mori!*, so viel Latein konnte man schon.

Und hier ruhen sie in diesem kleinen Friedhof von St. Stefan, die ehemaligen Erzieher und Lehrer der kleinen Stiftsschule, die man vor Jahrzehnten einmal besucht hat, schlichte Marmortafeln tragen die Namen derer, die einem das Leben schwer gemacht hatten mit lateinischen Vokabeln und mathematischen Formeln oder denen man selbst mit Bubenstreichen übermütig mitgespielt hatte. Abbitte tun möchte man dem einen oder anderen, danken auch für Langmut und Geduld und die erzieherische Gradlinigkeit.

Auf das letzte Vaterunser folgt abruptes Schweigen, als sei die Zeit in ein Loch gefallen. Der Abgang des Bischofs und der Äbte in vollem Ornat mit Mitra und Stab in der elementaren Gleichgültigkeit dieser leeren Spätherbstlandschaft im beginnenden Dämmerlicht formt sich zu einem eindringlich surrealen Bild: Hirten, wo ist eure Herde?

Die Rückkehr ins Kloster zum Totenumtrunk im Kreuzgang zusammen mit dem Fotografen, mit dem man vor über 25 Jahren über eine Woche das Klosterleben mit den Mönchen geteilt hatte, wird übermächtiges Erinnern. Und es festigt sich die Gewissheit, dass ein Stück Alt-Marienberg mit dem Tod von Abt Bruno unwiederbringlich verschlungen worden ist vom Strudel der Zeit. Die Szenen des lebendigen Klosteralltags erstehen wieder auf.

Wie mit leisen Schritten
dieser bewegliche Schatten vorübergeht, so vergeht alles,
was es auf der Welt an Beweglichem gibt.

DISTICHON AN EINER SONNENUHR IN MARIENBERG

Tabula
in librum
sequentem
Januarius

Die Stimme im Ohr

Man hat noch die Stimme von Pater Josef, dem Archivar, im Ohr, wenn er von der Klostergeschichte sprach, die hier in St. Stefan begann. Dieses St. Stefan ist ein geschichtsträchtiger Ort, dessen frühchristliche Ursprünge ins 5. Jahrhundert zurückgehen. Um 700 war die Kapelle Grablege für einen lokalen Adeligen. Um 1146 entstand neben dem der Kapelle ein einfaches Gebäude aus Holz für eine kleine Klostergemeinschaft, die von Schuls im Engadin hierhergezogen war. Sie hatte dort nicht recht gedeihen wollen, sodass der weltliche Schirmvogt zusammen mit dem Abt nach Rom zum Papst gepilgert war, um dort die Erlaubnis zu einer Klosterverlegung zu erhalten. Doch auch hier wollte die Neugründung nicht so recht Fuß fassen, vielleicht war das Gelände zu abschüssig, vielleicht gab die Quelle zu wenig Wasser her. Jedenfalls pilgerte der adelige Stifter nochmals zum Papst nach Rom, um eine weitere Verlegung an die Stelle, wo es heute steht und wo bereits eine Mareinkapelle bestand, zu erwirken.

Das abschüssige und felsige Gelände dürfte den Bauleuten einige Mühen bereitet haben, die nach benediktinischer Tradition die Wohn- und Schlafräume nach Süden ausrichteten und dem Bau durch mächtige Subkonstruktionen erst einmal den richtigen Halt geben mussten, so wie es selbst heute noch ersichtlich ist. Genauso schwierig scheint es für die Neugründung gewesen zu sein, in der Gegend Wurzeln zu schlagen und den Klosternachwuchs zu rekrutieren, weshalb die ersten Mönche und Äbte aus dem süddeuten Kloster Ottobeuren herbeigerufen wurden. Oft schließen sich sonderbarerweise die Kreise und vielleicht ist es gar kein Zufall, der der jetzige Abt Markus auch wieder aus Ottobeuren stammt.

DAS GROSSE STERBEN

Als Beschützer und Schirmvögte setzte der Stifter seine Verwandten, die Grafen von Matsch, ein, ein Geschlecht aus rätischem Uradel, das seine Fluchtburgen im unwegsamen Matschertal errichtete, um bald darauf dem Bischof von Chur seine Burg oberhalb von Schluderns in Sichtweise des Klosters abzunehmen. In dieser Churburg stehen heute noch die originalen Rüstungen, verdinglichte Präpotenz in Eisen dieser raubeinigen Burschen, die Beinamen wie »Raufbold« oder »Vielfraß« trugen. Daher war es auch mit dem Schutz nicht weit her; die Matscher sahen nur zu, wie das Kloster geplündert wurde – die abgeführte Beute ist minutiös im Museum aufgelistet –, plünderten selbst das Archiv, vernichteten wichtige Besitzdokumente und ließen einen Abt, der sich schutzsuchend an den Grafen von Tirol – zu dem die Matscher gern in Augenhöhe gestanden hätten – gewandt hatte, im nahen Schlinigtal enthaupten. Der Matscher wurde wenig später von seinem Vetter erschlagen oder, wie andere Quellen berichten, mit einem Badetuch erwürgt, weil er dessen Frau »nicht gebührlich genug« behandelt hatte. Mittelaltergeschichten, die bestens in diese geschichtsträchtige, archaische Landschaft passen.

> Den Zorn nicht zur Tat werden lassen.
> Der Rachsucht nicht einen Augenblick nachgeben.
> Keine Arglist im Herzen tragen.
>
> REGEL DES HL. BENEDIKT, KAPITEL 4, VERS 22–24

Aus dem Mittelalter ist eine »Schloràtsch«, eine Schule, erwähnt, der Klosternachwuchs musste ja lesen und schreiben können, der bekannteste Absolvent war der Chronist Goswin, der die Geschichte des Klosters aufschrieb und der auch über die große Pest berichtete, wo der Tod reiche Ernte hielt unter der Gemeinschaft von Marienberg, dass am Ende nur noch der Abt, ein Priester, ein Laienbruder und der Skolar Goswin selbst das große Sterben überlebten. Ein Abt wurde in einem heftigen Wortwechsel von zwei Bauern erschlagen, die Täter wurden zum Tode verurteilt, zu Galeerensträflingen »begnadigt« und nach Genua verkauft, was ja nur einer zeitlich verzögerten Exekution gleichkam. Bauernaufstand und Reformation setzten dem Kloster arg zu, es wurde geplündert; besonders die Bibliothek und das Archiv erlitten große Verluste, wertvolle Bücher gingen in Flammen auf.

EINE NEUE ZEIT GEHT HERVOR

Um 1550 lebte nur noch ein einziger Mönch im Kloster. Als dann noch Prediger aus der nahen Schweiz die neue Lehre der Reformation auf Romantsch, der rätoromanischen Volkssprache, verkündeten, erkannte man ganz weit oben in der Kirchenhierarchie, dass man in *confinibus heareticorum*, an der Grenze zu den Häretikern, etwas tun musste. Man holte sich energische Hilfe aus dem Kloster Weingarten: Abt Mathias Lang festigte das geistige Leben und die materiellen Verhältnisse und ging vor allem gegen das Rätoromanische und die neue Lehre vor, holte deutsche Schulmeister, die die Kinder auf Deutsch im Katechismus zu unterweisen hatten. Das Rätoromanische verschwand allmählich und nur noch melodische oder seltsam klingende Flurnamen erinnern heute an die ausgestorbene Volkssprache. Der nachfolgende Abt Jakob Grafinger ließ der altehrwürdigen romanischen Basilika zu Leibe rücken und sie barock umbauen. Marienberg wird zum architektonischen Aushängeschild der *ecclesia triumphans*, die sich auch in der barocken Basilika in Szene setzt.

Kalte Mauern

Ein mit Kopfstein gepflasterter Vorraum führt zum schlichten romanischen Hauptportal der Basilika. Eingelassen in dieses unregelmäßige, wellige Pflaster ist ein viereckiger Grabstein in Laaser Marmor, der an den braven Buben Puelacher »Oberhofensis« erinnert, der mit 10 Jahren hier verstarb. Wie oft war man als kleiner Stiftsschüler im Darübergehen ein klein wenig erschrocken beim Anblick des eingravierten Totenkopfs? An was war er gestorben? Hat er seine Mama noch einmal gesehen, bevor er starb? Und jedes Mal war da ein leiser Hauch von Heimweh: Wie lange war man schon weg von daheim? Die Stiftskirche selbst war einem immer fremd geblieben, fremd der barocke Prunk, fremd die Girlanden und Gemmen stemmenden nackten Gipsputten, noch fremder die weißen Figuren der Ordensheiligen im Obergaden mit ihren Insignien, Leidenswerkzeugen, Totenköpfen, Monstranzen und Büchern. Die vordringliche Erinnerung ist Kälte. Altabt Bruno meinte einmal sarkastisch, in Marienberg habe es neun Monate Winter und drei Monate sei es kalt. Ein Hohn die Nacktheit der barocken Putten, wenn man mit durchfrorenen Händen und Füßen im Winter der Messe folgen musste: Das Wasser im marmornen Weihwasserbecken fror im November zu und taute im April erst wieder auf.

Die Kirche bleibt eingebrannt im Gedächtnis als ein Ort nie enden wollender Hochämter, Ort unguter Vorahnungen vor Schularbeiten, Ort auch des knurrenden Magens und des Zorns im Bauch, wenn man, verdonnert zum »Frühstückfasten« anstatt zu frühstücken, in die Kirche gehen und dort ein paar »Vaterunser« beten musste, weil man beim Schlafengehen geschwätzt und damit das *silentium sacrum* gebrochen hatte.

Unvergessen auch und als eine der schönsten Erinnerungen aber bleibt das Salve Regina, die innige Hymne an die Himmelkönigin, gesungen von den Mönchen: ihr Lied, das Lied ihres Klosters, ein Blick, nicht länger als ein Augenaufschlag, auf die Sehnsucht einer Mönchseele, eine süße Melodie des Heimwehs – nach was? –, das einen rührte und die Kälte der Mauern vergessen ließ.

Vom Spätherbst bis in den April hinein sah man, während des Nachmittagsstudiums auf den Hof blickend, einen der Knechte mehrmals den Hof queren mit einer schweren Kraxe voller Lärchenscheite und im Hauptgebäude verschwinden: Holz für die Zellenöfen der Mönche. Um halb vier Uhr morgens waren zwei Klosterbrüder auf den Gängen unterwegs, schoben schweigend dicke Scheiter in die Schürlöcher und entfachten das Feuer mit der Glut des Vortages. In einem Schlafraum der Schüler bildete sich im Winter auf der Mauerinnenseite zentimeterdicker Raureif, den manchmal einer abkratzte und einem anderen vor dem Schlafengehen ins Bett warf. Im April brachen an Händen und Füßen die Frostbeulen auf und juckten fürchterlich. Heute versorgt eine potente Hackschnitzelanlage – das Holz stammt aus dem Klosterwald – die einst kalten Räume mit wohliger Wärme.

In der Klosterküche

Nie ging das Feuer aus in der Klosterküche, sie war das gar nicht so heimliche Herz des Klosters, immer warm, zumal Bruder Heinrich regelmäßig dicke Scheiter nachschürte, immer gastfreundlich, während Bruder Gallus für Besucher, die am Fenstertisch Platz genommen hatten, Speck und Käse aufschnitt, den nussigen, ehrlichen, würzigen Speck von eigenen Schweinen und Käse von der eigenen Alm. Dazu gab es schwarzes Roggenbrot aus der Klosterbäckerei. Ein Leben lang bleibt dieses Brot unvergessen, das nach dem Wind roch, der die Malser Haide ohne Unterlass bürstet, auf deren Äcker es gewachsen war, das den harzigen Lärchenduft des Holzofens in sich trug und den hefig-säuerlichen Geschmack des Sauerteigs, mit dem der Teig zum »Gehen« gebracht worden war. Das biblische Gleichnis vom Sauerteig hat man trotzdem nie verstanden. Manchmal bekam man, wenn man nach dem Frühstücksfasten schnell über den Hof zur Backstube flitzte, ein noch ofenwarmes Vintschger Paarl vom gutmütigen Bäcker zugesteckt, Gott hab ihn selig, in das man heißhungrig hineinbiss und das eine rumorige Verdauung verursachte, die akustisch und physikalisch zu kontrollieren sehr schwerfiel während des Vormittagsunterrichts.

Legendär bleibt die morgendliche Brennsuppe, nachdem man zwischen kalter Katzenwäsche, Morgengebet, Frühstudium und Messe schon gut zwei Stunden wach und auf den Beinen und entsprechend hungrig war: eine braune Brühe aus eingebranntem Gerstenmehl mit Kartoffelscheiben, dazu ein Viertel Paarlbrot, man konnte nachschöpfen aus den großen Schüsseln, so viel man wollte, und man tat es. Man würde es immer noch tun.

Lieber Bruder Gallus, der du draußen ruhst in St. Stefan, Dank sei dir für dieses gerstene Suppen-Manna, dessen Aroma man im Leben nie mehr begegnet ist, am ehesten noch in den Bergklöstern in Ladakh im Himalaja bei den Momos aus Gerstenteig oder – nicht mehr im Kloster – bei süffigem Chang aus gegorener Gerste. Und noch eins, lieber Bruder Gallus: Für deine Brennsuppe wird dir das unsanfte Wecken in aller Herrgottsfrüh verziehen, wenn nach deinem gedehnt nasalen »Gelobt sei Jesus Christus« man nicht schnell genug aus dem Bett kroch, du einen ohne viel Federlesens aus dem Bett warfst und man sich in einem Gewusel aus Bettzeug unversehens auf dem kalten Boden wiederfand. Ach ja, hochgelobt seien auch deine Knödel, die kein anderer so geschickt und schnell drehen konnte wie du. Als der Film über Marienberg »Näher ist der Himmel in den Bergen« in Trient beim Internationalen Bergfilmfestival gezeigt wurde, bekamst du lang anhaltenden Szenenapplaus beim Knödeldrehen. Hoffentlich, lieber Bruder Gallus, hast du drüben wieder viel zu tun und kannst deine himmlische Heerschar mit Buchteln und gebackenen »Mäusen« versorgen. Wunderbar haben sie geschmeckt. Heimlich haben wir sie gehortet, manchmal im Strohsack versteckt. Ein Festmahl für die Klostermäuse.

In der alten Backstube

Brot für die Gemeinschaft

Zweimal in der Woche rauchte der große Schornstein des Backhauses in aller Morgenfrühe, wenn der große Holzofen mit krachenden Lärchenscheiten vorgeheizt wurde zum Brotbacken. Wenn Bruder Alois für seine Confratres Brot buk, war er ganz in seinem Element. Den Teig bereitete er immer mit etwas Sauerteig vom letzten Brotbacken her, eine sehr alte Methode, bei der vom letzten Backen immer etwas Teig übrig gelassen wurden, zu dem man dann nur Wasser und Mehl dazugeben musste, damit der Teig »aufging«.

Das Rühren, früher eine schweißtreibende Arbeit, nahm eine elektrische Rührmaschine ab. War der Teig gerührt, entnahm Bruder Alois ihm handtellergroße Bällchen, mit denen er paarweise die berühmten Vintschger Paarln formte und sie auf die mit groben Leintüchern bedeckten »Brotflecken« (Bretter) legte, bedächtig eins nach dem andern, bis an die zweihundert Paarln in der warmen Backstube bereit waren, in den Ofen geschoben zu werden.

Bedächtiger noch als beim Formen setzte er mit der Ofenschaufel die Paarln in den heißen Bauch, korrigierte manchmal mit der Schaufel behutsam nach – und keiner hätte ihn dabei stören dürfen. Am Anfang, wenn der Ofen noch sehr heiß war, musste alles sehr schnell gehen, auch das Herausnehmen. Geschickt schippte er die ofenfrischen Paarln auf das Brotbrett: goldbraun gebacken: Naturbrot in reinster Form, echtes »Biobrot« würde man heute sagen. Übrigens wird wieder Brot gebacken in Marienberg, ein junger Mönch hat sich das Backen zeigen lassen von einem alten Bäcker der Gegend, nachdem Bruder Alois allzu früh verstorben war. »Die Paarln würden reißenden Absatz finden im Klosterladen«, sagt der neue Abt, »aber um sie verkaufen zu können, hätte man Backofen und Backstube EU-konform umbauen müssen und damit wäre ein wertvolles Stück Alt-Marienberg verloren gegangen.« So bäckt man Brot für den Eigenbedarf, immer noch vom Roggen der klostereigenen Äcker – und der Schreiber muss zugeben, dass es schmeckt wie ehedem.

Von der Hände Arbeit

Zu bestimmten Zeiten sollen die Mönche arbeiten, da sie von der Arbeit ihrer Hände leben. Gott soll auch durch die alltägliche Arbeit verherrlicht werden. So durchdringen sich Gebet und Arbeit und Arbeit gegenseitig«, so steht es im Vorspann zur Regel des heiligen Benedikt. Gearbeitet haben vor allem die Fratres, Ordensleute, die keine höheren Weihen besaßen, dafür aber gleich mehrere Berufe beherrschten. Es war auch viel zu tun in diesem Kloster, das weitgehend autark von der Selbstversorgung lebte, zu tun als Koch, Tischler, Zimmermann, Buchbinder, Schneider, Sagmeister, Bäcker, Wäscher, Maurer, Elektriker.

Solange es um Handwerk mit natürlichen Materialien ging, waren die Brüder geschickt und sicher. Mit der neuen Zeit reichte das alte Wissen nicht mehr aus: Wie repariert man einen 3-Phasen-Elektromotor? Man hört noch schmunzelnd das unklösterliche Fluchen von Bruder Andreas, als der Pater Schaffer einen Dreiradtransporter besorgt hatte, einen stotternden, rauchenden Muli, der partout nicht mehr zu bewegen war und den frommen Kuttenmann zur Weißglut brachte. Manchmal wurde man zu kleinen Arbeiten herangezogen. Als Belohnung gab es leicht angegorenen Apfelmost: ein Grund mehr, sich freiwillig zu melden.

Einen Bauernhof in der Nachbarschaft führte das Kloster selbst; Bruno, der spätere Abt führte, frisch vom Theologiestudium zurückgekommen, einen Sommer lang alle Arbeiten auf dem Bergbauernhof aus, mähte, führte das Heu ein, versorgte zusammen mit einem Knecht das Vieh. Er erzählte das mit Stolz. Das liebe Vieh: Man erinnert sich, dass von einem Nachbarhof ein Anruf kam, das Klostervieh sei durch den Zaun gebrochen und weide widerrechtlich auf einer Wiese des Nachbarn. Dem Pater Ökonom blieb nichts anderes übrig, ein paar unchristliche Kraftausdrücke im Mund zerdrückend, als selbst mit wehender Kutte zum Ort des Ungeschicks zu eilen.

Seit dem Mittelalter besitzt Marienberg in der Meraner Gegend Weingüter und der Wein wurde in Holzfässern heraufgeführt, heute liefert eine Kellereigenossenschaft den Wein in Flaschen und die großen Weinfässer im dickbauchigen Weinkeller stehen verwaist und leer. In der Regel des heiligen Benedikt ist nachzulesen: *»Doch mit Rücksicht auf die Bedürfnisse der Schwachen meinen wir, dass für jeden täglich eine Hemina Wein genügt (...). Zwar lesen wir, Wein passe überhaupt nicht für Mönche. Aber weil sich die Mönchen heutzutage nicht davon überzeugen lassen, sollten wir uns wenigstens darauf einigen, nicht bis zum Übermaß zu trinken, sondern weniger.«* Wie viel eine Hemina genau misst, darüber streiten sich die Gelehrten, in Marienberg hatte und hat bis heute jeder Mönch zu den Hauptmahlzeiten im Refektorium ein Viertel Wein vor sich stehen. Für den Gast gab es in der Küche beim Bruder Gallus immer ein Glas. In der neuen Küche, die gerade umgebaut wird, wird es wohl nicht viel anders sein.

Absteigende Gartenterrassen lehnen sich an die Mauer der Südfassade. Dieser Gemüsegarten war Bruder Nikolaus' ganzer Stolz, den er in der Demut seines Mönchsseins nie zu zeigen gewagt hätte. Aber Bauersfrauen, die ihn beim Anblick kraftstrotzender Salatköpfe neidisch um Rat fragten, gab er gern ein paar praktische Ratschläge. Mit jetzt über 90 Jahren hat er seine Aufgabe als Gärtner zurücklegen müssen. Bruder Nikolaus, eigentlich Josef Zöschg aus dem Ultental, floh während des Zweiten Weltkrieges, als Italien und Südtirol von der deutschen Wehrmacht besetzt wurden, über die Berge ins lombardische Pejo, um nicht in die Wehrmacht zwangseinrücken zu müssen. Halt gab ihm der Glaube und er ging viel zur Kommunion; seinem Arbeitgeber, einem einfachen Bauern, war es gleichgültig, nur die anderen Deserteure meinten, »der spinnt ein bisschen«! »So ein bisschen fremd war ich schon immer, und zehn Jahre später bin ich dann im Kloster gelandet«, wird er später sagen. Bleibt hinzuzufügen, dass auch sein leiblicher Bruder ins Kloster eintrat, der uns schon bekannte Bruder Alois.

In der mittleren Gartenterrasse leuchten zwei neue Häuschen in rötlichem Lärchenholz: Marienberg hält wieder Bienen, nachdem vor Jahren durch zu frühem Ausflug im Spätwinter die Bienenvölker verendet waren. Und man erinnert sich, als im Sommer 1986 Pater Josef, der Archivar und Bienenfreund, die honigschweren Waben aus den Stöcken genommen hatte und dann zu erzählen wusste, dass das früher ein kleines Fest gewesen sei und Pater Magnus, unser Erzieher in der Stiftsschule mit seinem kindlichen Gemüt, dabei in der Vorfreude auf den frischen Honig gesungen habe.

Im Gestänge der Zeit

Fünfmal am Tag versammeln sich die Mönche zum gemeinsamen Chorgebet, gerufen vom Klang einer Glocke. Diese »Horen«, vom lateinischen hora, Stunde, legen sich wie eine eiserne Klammer auf den Tagesablauf.

Mag sein, dass nicht immer jeder mit großer Begeisterung hingeht, hinter vorgehaltenen Hand geben das die Mönche auch zu, aber in diesem gemeinsamen Gebet liegt ein Stück Auftrag und Geheimnis mönchischen Lebens. Als weltlicher Gast im Kloster hat man Schwierigkeiten, mit der Zeit innerhalb der Klostermauern zurechtzukommen: Einerseits ist diese Zeit in einer Fülle da, wie man sie nie gespürt hat draußen in der Welt, und sie ist wie ein lebendiges, samtenes Fluidum, andererseits regt sich da ganz tief eine Irritation, ein Gefühl des zeitlichen Eingegrenzt-Seins, als lege sich eine fremde Hand auf das eigene Tun. Dann springt es einen wieder an, jenes ängstigende Gefühl, gefangen zu sein in unerbittlicher Strenge. Wenig Weiches im harten Chitinpanzer zeitlicher Segmentierung. Ein Leben lang wird man diese Zeit fast wie ein sonderbares Wesen mit sich herumtragen und immer wird man es spüren: Man nimmt dir deine Zeit und man nimmt dir das Selbst. Der Mönch schenkt beides Gott.

Herr, öffne meine Lippen!«, beginnt der Abt oder der Prior nach dem nächtlichen Schweigen die Laudes, die erste Hora um halb sechs Uhr in der Früh. Im Wechselgesang des gregorianischen Chorals registriert das Gehirn großartige Sprachbilder der alttestamentarischen Psalmen und Hymnen, geht den Bildern nach und verliert das Gefühl von Raum und Zeit.

Vor dem inneren Auge steigen Bilder auf: das Aufleuchten des Turmhelms in der ersten Morgensonne, die Mauersegler, die todesmutig einen Falken attackieren, der ihre Nester unter dem Dach der Südfassade plündern will, die Blumenpracht im Herrengarten, das flammende Rot der Lärchen hinter dem Schwarz der Schindeldächer, der leise Schneefall im Innengeviert des Kreuzgangs. In den Bilderreigen hinein drängt sich die Frage: Seit der Gründung singen und rezitieren die Mönche hier diese Texte; wie viele Mönchsgenerationen sind das, wie viel Potentaten, Päpste und Mächtige sind untergegangen, in wie vielen Kriegen hat sich Europa und die Welt derweil zerfleischt?

Irgendwann stolpert man mit den Mönchen aus dem Chorgestühl, trottet über den marmorgefliesten Kreuzgang. Nach wie vor herrscht Schweigen, *silentium sacrum* hieß das vor vielen Jahren, heißt es immer noch so? Bis zum Frühstück sind es mehr noch als anderthalb Stunden, der Blick geht hinunter auf die Malser Haide, die Fahrzeuge auf der Straße bewegen sich wie eine Prozession von Insekten, kein Laut dringt herauf in diese Parallelwelt. Die Zeit läuft anders hier. Sie lief anders. Immer schon. Bis vor wenigen Jahrzehnten gingen die Uhren in Marienberg nach der Sonnenzeit.

Das Ohr registriert ein ganz leises Klicken, wenn Eisen auf Eisen greift; man kennt es, da ist die dünne Stange, die unter dem Ansatz des Kreuzgratgewölbes die Wand entlangläuft und an einer bestimmten Stelle ein Zahnrad trägt, das in ein anderes greift. Jede Minute ein fast unhörbares Tok und das Rädchen rückt einen Zahn weiter, es ist der nimmermüde Pulsschlag eines großartigen Uhrwerks, das gewichtig im Turm hockt und seine Bewegung über ein kunstvolles System von Gestängen die Wände entlang und durch Mauern hindurch in die Weiten der Klosteranlage schickt und neun Zifferblätter bedient.

Als es noch mechanisch angetrieben wurde, hingen im Turm drei schwere Gewichte, einmal in der Woche aufgezogen mit erheblichem Kraftaufwand, und ein schweres Perpendikel. Wie ein lebendiger Organismus durchpulst diese Zeitmaschine den Klosterbau und der helle Stundenschlag der Glocken bildet die unverwechselbare Erkennungsmelodie für alle, die Marienberg besser kennen.

Die Morgensonne explodiert im Weiß der Mauern, legt ihren Schatten auf die Sonnenuhr des Turms. Die Metapher vom »Verrinnen der Zeit« wurde in den mittelalterlichen Klöstern mit den Sand- und Wasseruhren geprägt und als die Räderuhren die alte ungenaue Zeitmessung ablösten, entstand das Bild der Welt als Uhr, wo Gott als oberster Organisator des Weltgeschehens seine Schöpfung wie eine aufgezogene Uhr ihren »Weltengang« bis zu ihrem Ende selbständig laufen lässt. Vergänglichkeit braucht nicht angemahnt zu werden: »Marienberg ist nur meine erste Heimat«, sagte Abt Bruno einmal, »meine zweite Heimat ist der Himmel.«

Im Angesicht der Engel

Die Engel in der Krypta, der Unterkirche, gehören zum Schönsten, was die Romanik europaweit hervorgebracht hat. Der Reihe nach: Am 11. März 1150 stellt der Abt Albert zum ersten Mal eine Urkunde in Marienberg aus. Die Mönche wohnten da wohl in einem Holz(?)haus neben der Marienkapelle, die schon vor der Neugründung bestand. Der erste feste Bau war die Krypta, dem eine feierliche Geländesegnung – und der zukünftige Bau hatte eine solche mehr als nötig in diesem steilen Gelände – durch den Bischof Adelgott vorangegangen war, wobei er das Gelände mit Weihwasser besprengte, um es von allem Bösen zu reinigen. Dann schritt man an den Bau, der in seiner Grundform unverändert geblieben ist: Ein Kreuzgewölbe überspannt in fünf Jochen den quereckigen Raum. Dieser quereckige Grundriss bildet eine absolute Ausnahme unter den romanischen Krypten und ist vorrangig wohl der Geländebeschaffenheit und dem Felsuntergrund zuzuschreiben. In der Mitte öffnet sich halbkreisförmig die Hauptapsis, die seitlich von zwei kleineren Nebenapsiden begleitet wird, während zwei Türen zwischen Haupt- und Nebenapsiden die Eingänge bilden. Hier schritten die ersten Mönche prozessionsartig herein, wenn sie sich zu den Horen und zur Feier der Liturgie versammelten und auf der gemauerten Priesterbank Platz nahmen. Zwei steile, enge Treppen führen in die Oberkirche hinauf. Man erinnert sich, wie man als Stiftsschüler das erste Mal hier hinunterstieg, wie man fröstelnd vor der langen Wand mit der Doppelreihe schlichter Marmortäfelchen stand und in der modrigen Luft schaudernd an die toten, eingemauerten Mönche da drinnen dachte, zugedeckt mit einer dicken Schicht von ungelöschtem Kalk, damit sie schneller und gründlicher verwesten. *Memento homo, pulvis es*, Staub bist du und zu Staub wirst du zurückkehren!

Als Abt Jakob Grafinger die Stiftskirche barock umbauen ließ, wurde die Krypta in der Art eines Columbariums – »Taubenschlag« heißt das in der ursprünglichen Bedeutung, welch ein Paradox schon seit den Römern! – zu einer Begräbnisstätte mit neben- und übereinanderliegenden rechteckigen Grabnischen umgebaut, die einfachen Patres und Brüder wurden an der Westwand, die Äbte an der Südwand bestattet. Der großartige Engelsreigen und der thronende Christus verschwanden unter einer dicken Schicht aus Kalktünche. Im eng gewordenen Raum erklang kein *coram angelis psallam tibi, domine* – im Angesicht der Engel will ich dir singen, sondern nur noch das *requiem aetarenam*.

Bis Abt Leo Treuinfels 1887, vielleicht angeregt durch die Lektüre des Chronisten Goswin, der von der bildnerischen Ausschmückung berichtete, die Kalktünche entfernen ließ und die Mönchsgemeinschaft staunend auf das majestätische Antlitz Christi und die schwebenden Engel blickte, ein Fund, der in einschlägigen Kunstkreisen und im fernen Wien sofort Furore machte. 1980 wurden die Grüfte unter Abt Stefan Pamer entfernt, die Toten oder besser das, was der Löschkalk noch übrig gelassen hatte, nach St. Stefan umgebettet. Der Raum bekam wieder seine ursprüngliche Gestalt und ein Engel nach dem anderen erlebte nach Jahrhunderten des Dunkels seine Wiederauferstehung. Man hatte zwar eine ausgedehnte Ausmalung vermutet, aber die wiederentdeckten Bilder übertrafen alle Erwartungen. Die Farben leuchteten in einer derartigen Intensität, als seien die Fresken erst vor Kurzem angebracht worden. Da waren sie wieder, die Engel, in deren Beisein man den Herrn preisen wollte!

DEN ENGELN GANZ NAH

Da schweben sie dahin im intensiven Blau des Sternenhimmels aus feinstem Lapsilazuli! (Weit entfernt vom süßlichen Stereotyp feister Kitschputten.) Wunderschöne Wesen mit großen blauen Augen in wallenden kostbaren Kleidern, in eleganten Gesten und fließenden Körperlinien, mit kunstvollem Haarschmuck und feinen Haarbändern, weiße Kreuzstäbchen als Hoheitszeichen tragend und alle auf Christus blickend. Bis auf einen, der mit schreckensgeweitetem Blick nach Westen schaut: Was hat er geschaut, wovon wendet er sich ab?

> Coram angelis psallam tibi, domine –
> im Angesicht der Engel will ich dir singen, o Gott.
>
> PSALM 38, VERS 1

Nirgendwo in Europa ist ein Platz bekannt, wo man den Engeln so nahe ist; der Raum mit einer Scheitelhöhe von knapp drei Metern müsste eigentlich bedrückend wirken, er tut es überhaupt nicht. Wenn man da steht unter dem Gewölbe, hat man das Gefühl, als weite sich der Raum über einem, und es ist diese räumliche Nähe zu Christus und den Engeln während des mönchischen Gottesdienstes, in der der wahre Sinngehalt der Bilder zu suchen ist.

Wer sich zur Vesper am späten Nachmittag zusammen mit den Mönchen in der Krypta zum Gebet einfindet, erlebt die Strahlkraft dieses Sakralraums in voller Intensität und es kann gut sein, dass man für eine kleine Weile dem Geheimnis des Mönchseins sehr nahe ist. Insgeheim vielleicht bittet man den Herrn, er möge einem doch einen seiner Engel mitgeben für alle Fährnisse des Lebens. Man würde sich den mit den großen Augen wünschen.

Auf dem Weg in die Zukunft

Es weht ein neuer Wind in Marienberg, seit der neue Abt Markus in Amt und Würden ist. Schon bei seiner Antrittsrede im November 2011 hatte er die volkstümliche Redewendung vom neuen Besen, der besser kehre, angesprochen, nicht ohne die Replik des Altabtes zu zitieren, dass ein alter Besen die Ecken besser kenne. Abt Markus nimmt sich viel Zeit für den Besucher, den er in seinen neuen Empfangsraum führt, den man von früher her als bessere Abstellkammer gekannt hatte. Jetzt ist es ein moderner Raum in coolem Design, in dominantem Weiß-Schwarz, mit Laptop und Internetanschluss. Bereits die ersten Sätze verraten großen Optimismus und wie ein roter Faden zieht sich leitmotivisch das Credo durch das ganze Gespräch: Marienberg wird eine gute Zukunft haben. »Marienberg wird über die Liturgie hinaus seine Daseinsberechtigung suchen und bei den Leuten wirken!«, da kann es an eine große Tradition anknüpfen. Gewiss, das Kloster war und ist fest verwurzelt bei den Menschen der Umgebung und war lange Zeit eine kulturelle Größe gewesen im Land.

SCHULE MIT TRADITION

Das 1724 in Meran gegründete Gymnasium gehörte bis zum Ende des Ersten Weltkrieges zu den Eliteschulen in Tirol und Eleven aus allen Kronländern der k.k. Monarchie hatten dort die Schulbänke gedrückt. Kluge Köpfe als Professoren hatten dort gewirkt, allen voran Beda Weber, der 1848 als Abgeordneter in das erste demokratisch gewählte deutsche Parlament in der Paulskirche von Frankfurt geschickt wurde. 1928 wurde die traditionsreiche Schule von den italienischen Faschisten geschlossen. Gleich nach dem Zweiten Weltkrieg wurde 1946 in Marienberg selbst eine fünfklassige Knabenschule eingerichtet mit drei Jahren (Latein-)Mittelschule und zwei Jahren Gymnasium. Ziel war es gewesen, Nachwuchs heranzubilden, aber auch, und dafür sei den Marienberger Mönchen großer Dank, vifen Buben aus einfachen Verhältnissen – und wo waren die Verhältnisse nicht einfach damals? – eine bessere Schul- und Ausbildung zu ermöglichen. 1985/86 wurde auch diese Schule geschlossen.

Ab dann wurde es endgültig still in Marienberg. Der damalige Abt Bruno ließ zwar während seiner Amtszeit mit großem finanziellem und organisatorischem Geschick bauliche und restauratorische Maßnahmen durchführen, gab in der landwirtschaftlichen Schule unten in der Fürstenburg lange Zeit Religionsunterricht, »um jungen Menschen nahe zu sein und sie zu verstehen, sollte sich junger Nachwuchs einstellen in Marienberg!«, wie er einmal sagte. Der Nachwuchs aber wollte sich in der damaligen Zeit nicht so recht einstellen und die Gemeinschaft wurde klein und kleiner.

GOTTESSUCHER AUS ALLER WELT

Es kam doch anders. Der Geist Gottes weht, wo er will, dieser Satz gilt jetzt auch für den jetzigen Mönchsnachwuchs in Marienberg, es sind junge Menschen von weit her. Die neuen Medien machten es möglich, Marienberg als Ort für Gottessucher in alle Welt hinauszutragen. »Marienberg wird auf viele Bedürfnisse von außen eingehen!«, sagt Abt Markus. Groß sei das Bedürfnis nach Einkehr bei den Menschen, man werde das Angebot der Übernachtungsstruktur erweitern und auch die Möglichkeit der Verköstigung anbieten. Derzeit werden Küche, Kühl- und Lagerräume umgebaut – für Monate waren die Arbeiten stillgestanden, weil man auf romanisches Mauerwerk gestoßen war; die ehemalige Gesindestube und der Besuchsraum werden zu einem Empfangsraum umgebaut, wobei das spätgotische Gewölbe wieder freigelegt wird. Im gewölbten ehemaligen Speisesaal, noch außerhalb der Klausur, wird man eine Kapelle für die Einkehrenden einrichten und der Torso des romanischen Kruzifixes, zufällig aufgefunden und fachgerecht restauriert, wird dort seinen würdigen Platz erhalten. Im Refektorium, dem Speisesaal der Mönche, wuselt ein ganzer Trupp von Malern und Restauratoren, welche Zentimeter dicke Farbschichten abtragen und eine Barocktäfelung mit exquisiten Intarsienarbeiten freilegen. Eine Marginalie sei dem Schreiber gestattet: Im einstigen Schüler-Schlafraum mit der wuchtigen Kassettendecke, wo man in der ersten Nacht schlaflos gelegen war und nur das ewige Rauschen des Brunnes gehört hatte, in diesen Raum ist Pater Ulrich, der Archivar, mit seiner Privatbibliothek eingezogen und in der Ecke, wo einmal die eigene Bettstatt – kein anderer Ausdruck könnte das Möbel mit Strohsack treffender beschreiben – war, stehen voluminös die schweren Bände der »Monumenta Germaniae Historica« und keine Mäuse rascheln mehr im Stroh. Die Zeiten stehen auf Zuversicht, Marienberg trägt den Regenbogen im Wappen. Seit Anbeginn.

Geistige Ausstrahlung

Die Mäuse treiben anderswo ihr Unwesen. Tief unten im Bauch des Hauptgebäudes stehen in der Bibliothek an die 80000 Bände in den Regalen. Viele aus Pergament und in Leder gebunden – an denen sie sich gütlich tun, sie knabbern die Folianten an, beißen aus dem Pergament kleine Stücke und bauen sich Nester draus. Dem soll Abhilfe geschaffen werden durch eine Verlegung. Derzeit wird die Bibliothek katalogisiert, vielleicht wissen die Mönche selbst nicht ganz genau, wie viele und welche Schätze sie da hüten. In der Vergangenheit war dieser Bibliothek arg mitgespielt worden, 1525 während des Bauernaufstandes wurde sie geplündert, während der Barockzeit wurden ausgemusterte und vergriffene Exemplare und alte Handschriften zerschnitten und für Einbände verwendet. Am schlimmsten erging es der Marienberger Bibliothek unter der bayrischen Herrschaft, als das Kloster 1807 aufgehoben wurde und auf Geheiß der bayrischen Regierung der wichtigste Bibliotheksbestand 1808 der Innsbrucker Universitätsbibliothek zu überstellen war. In Kisten verpackt sollen es über 22 Zentner gewesen sein. Zwar hätte auf Geheiß des Kaisers von Österreich der gesamte Bestand 1817 zurückgegeben werden sollen, tatsächlich ist ein Teil davon nicht mehr zurückgekommen.

In der Folgezeit gelang es den Äbten, die Bestände durch Neuankäufe und durch Schenkungen zu erweitern. Kostbarstes Stück ist das *Registrum Goswins*, jenes Chronisten, der die Geschicke des Klosters und des Landes von zirka 1100 bis 1393 beschreibt.

Das Kloster und besonders das Meraner Gymnasium waren im 19. Jahrhundert ein Bildungszentrum ersten Ranges geworden. Hier hatten die Benediktiner Pius Zingerle als Orientalist, Albert Jäger als Historiker und Gründer des österreichischen Institutes für Geschichtsforschung in Wien sowie Beda Weber –, Dichter, Germanist und Abgeordneter Tirols im Frankfurter Parlament –, gewirkt. Etwas von der kulturellen und geistigen Ausstrahlung möchte Abt Markus wieder beleben und die Bibliothek der Forschung und den Interessierten wieder zugänglich machen.

Es ist ein sehr ehrgeiziger Plan, der den Aushub des Herrengartens, der Terrasse am Fuß der Basilika, und die unterirdische Unterbringung der Bibliothekbestände nach modernsten konservatorischen Maßstäben vorsieht, während die Halbruine der Marienkapelle zum Lese- und Studienraum umgebaut wird und einen externen Zugang bekommen soll.

Damit wäre wieder Platz gewonnen und die jetzigen Räumlichkeiten der Bibliothek würden erneut die eine oder andere Werkstatt aufnehmen, in denen junge Menschen, um die sich Pater Urs Maria besonders kümmern will, das benediktinische *labora*, das praktische Arbeiten, wieder entdecken könnten. Nicht nur das ***ora,*** sondern gerade auch das *labora* hatte das Mönchsleben in Marienberg über mehr als 900 Jahre hindurch bestimmt.

Kloster Säben

Ausgesetzt auf den Bergen des Herzens

RECHTS DER ABGRUND, DREIHUNDERT METER SENKRECHT HINUNTER ZUM TINNEBACH. LINKS SCHROFFES FELSGELÄNDE, BLAU EINGESPRENKELT VON LEBERBLÜMCHEN. UNERWARTETE LIEBLICHKEIT. AUFRAGEND IM BLICKFELD BURGARTIG DAS GEMÄUER DES KLOSTERS. MISSTRAUISCHE AUGEN, DIE WENIGEN FENSTER. HIER OBEN EIN FRAUENKLOSTER?

Kloster Säben

Fragil in der Brandung

Warum geht mir ein Gedichtanfang von Rilke nicht aus dem Kopf? *»Ausgesetzt auf den Bergen des Herzens …«* Die Annäherung erst durch abenteuerlich knorrige Kastanienwälder, dann ein letzter Weiler, der Weg immer enger werdend, Spitzkehren, ein Hof, ein paar Parkplätze, ausgeschildert »Kloster Säben«. Ab jetzt geht es nur noch zu Fuß weiter, der staubige Weg, wie eine hängende Nabelschnur, senkt sich erst abwärts, spannt sich dann wieder, steil sich aufschwingend, über schmalem Grat. »*…aber wie klein auch, noch ein letztes Gehöft (…). Steingrund unter den Händen. Hier blüht wohl einiges auf, aus stummem Absturz (…)*«. Aus dem Dunkel des Tunnels heraustretend, steht man im engen Innenhof. Wohin?

Treppen führen zu einer ersten Kirche: vornehmer Barock; die höher liegende Heilig-Kreuz-Kirche protzt mit barocker Illusionsmalerei. Linkerhand vom Eingang in den Boden eingelassen schlichter roter Marmor mit lateinischer Inschrift. Ein Name: Ingenuin. Hier schlägt das uralte Herz dieses magischen Ortes.

Vorerst läute ich an einer unscheinbaren Tür. Und dann stehe ich vor einer sehr alten Frau mit schmalem Mädchengesicht, die mich in den Besucherraum führt. Die Täfelung duftet nach Arvenholz, es ist angenehm warm, das Fenster geht auf den Innenhof. Erstaunliche Häuslichkeit hier oben. Die eingetretene Äbtissin geleitet mich zum Tisch. Klein, zierlich, energisch, lebhaftes Gesicht, vifer Blick. Sie will ihre klein gewordene Gemeinschaft schützen, allzu aufdringlich sind ihr die neugierigen Blicke der Außenwelt. »Klöster sind in, ist ja ganz interessant, einmal eine ganz andere Welt zu erfahren, Wellness für die Seele. Klöster, und besonders das unsere, sind aber keine Wellness- Einrichtungen!«

Ich kenne das Paradox: großes Interesse und keine Berufung. Am großen Wühltisch der Selbstfindungs- und Selbsterfahrungsmodelle genießt ein Klosteraufenthalt die ganz besondere Aura des Exotischen. In der Beliebigkeit der Werte einmal hineinschnuppern in eine Lebensform der Verzichts und des Schweigens. Zugleich sind es jährlich Tausende, die aus religiöser Überzeugung heraufpilgern auf diesen heiligen Berg: »Klöster sind Kraftquellen des Lebens, das geistige Potenzial, das erst wiederentdeckt werden muss!«, sagt die Äbtissin. Wie recht sie hat: Nur widerstrebend entzieht man sich in Säben als Besucher seinem geheimnisvollen Fluidum.

Es leben nur noch sechs Schwestern im Kloster und »vier von denen sind zwischen achtzig und Ewigkeit! Aber Säben ist ein Wunder. Wir gehören dem Herrgott und er wird schon wissen, was er tut.« Trotz der geringen Anzahl halten sie immer noch das Chorgebet durch, allerdings werde kaum mehr gesungen, was sie schade findet. Singen: Vielleicht war es der großartige *Cantico delle creature* des Franz von Assisi, der sie bis in Innerste erschütterte, als sie als junge Frau mit einer Gruppe junger Leute in Assisi war. Der charismatische Begleiter war damals der Südtiroler Luis Lintner, der als Missionar in Brasilien 2002 ermordet wurde. In Assisi erlebte sie ihre »Bekehrung« und erfuhr den neuen Sinn des Lebens. Schwester Ancillas Gottvertrauen ist unerschütterlich. Muss es auch sein – ohne es bliebe die nackte Verzweiflung in diesem geografisch wie existenziellen Ausgesetzt-Sein hier oben. Der Sprung über die Felsen? »Um Gottes willen, nein!« Schwester Ancilla – zu Deutsch die Magd – hat als Jüngste die Hände voll zu tun, die praktischen Anforderungen des Klosteralltags zu meistern und ich spüre, dass sie wenig Zeit hat. Sie zögert, dann sagt sie zu: Sie wird mich im Gästehaus aufnehmen, in zwei Wochen erst, Klausur und Chorgebet werden mir verschlossen bleiben.

»Einmal«, erzählt Ancilla zum Abschied, »hat mir eine Kunstexpertin den Sinn der Christophorus-Darstellung erklärt. Wir alle sind Christophorus und beauftragt, das Kind durch die Fährnisse des Lebens zu tragen!« Bevor ich den Säbener Berg verlasse, blicke ich hinunter ins Tal. Betoniertes Chaos. Autobahn auf Stelzen, Eisenbahn, Gewerbegebiet, bezugslose Architektur. Eingehüllt in dumpfes Dröhnen des Verkehrs. Da hindurch trägt Säben, trägt Ancilla das Kind.

Maria
Zuflucht

Der Mantel der Geschichte

Säben wird gern die Akropolis Tirols genannt. Der aufragende Dioritfelsen erhebt sich ungefähr 200 Meter über dem Eisacktal und trägt an seiner Nord-, West- und Ostseite schroffe Abstürze. An der Südseite fällt das Gelände in Terrassen in einer Länge von 300 Meter ab. Zu Füßen duckt sich das Spitzweg-Städchen Klausen. Auf der höchsten Stelle des Säbener Berges steht die Heilig-Kreuz-Kirche, eine Terrasse tiefer befindet sich das Benediktinerinnenkloster, das aus der mittelalterlichen Bischofsburg 1685/86 herauswuchs. Darunter entfaltet sich der mit einer Mauer umfriedete Klostergarten, der hinunterreicht bis zur abschließenden Zinnenmauer mit einem ehemaligen Wachturm und zwei Marienkirchen. Darunter wieder Weinterrassen.

Der Aufstieg von Klausen ein Pilgerweg par excellence. Durch verwinkelte Gässchen, über unregelmäßige, ausgetretene Steinstufen, mauergesäumt geht es hinauf. Kreuzwegstationen, Weinberge. Historischer Boden. Könnte er erzählen, spräche er von Zusammenbruch und Neuordnung in den Geburtswehen des jungen Mittelalters und des neuen Europa, redete Spätlatein und Gotisch, Langobardisch, Fränkisch und Bajuwarisch. Und redete vielleicht sogar in Griechisch, byzantinischer Kanzleisprache. Der Klosterberg bot sich besonders an als leicht zu verteidigender Fluchtpunkt in bewegten Zeiten.

RÄTSELHAFTER BISCHOFSSITZ

Wer ahnt schon, dass sich unter den Weinbergen am Hang im Gleichmut der Landschaft eine ausgedehnte Gräberanlage befindet und sogar eine Bischofskirche? Von 1978 bis 1982 wurden hier durch die Universitäten München und Bonn in Zusammenarbeit mit dem Südtiroler Denkmalamt und der bischöflichen Kurie Bozen intensive Grabungen durchgeführt. Einer der leitenden Archäologen dabei war Hans Nothdurfter, passionierter Historiker und exzellenter Kenner der Materie. Säben war sein *opus magnum* und es beschäftigt ihn bis heute. »Dieser Felsen wurde während der Agonie des Weströmischen Reiches Fluchtort der hiesigen Alpenromanen und ihrer Miliztruppen. Sie errichteten um 400 n. Chr. quer zum Hang ein kasernenähnliches Gebäude, wohl ein Castrum. Militärische Kochtöpfe, Reste von Militärgürteln und Muschelschalen deuten darauf hin.« Aus dieser Gemeinschaft heraus könnte Säben als Bischofssitz entstanden sein. »Seine Entstehung liegt im Dunkeln«, sagt Nothdurfter, »und es ist der einzige Bischofssitz in der ganzen damaligen Christenheit, der keine *civitas*, keine städtische Gemeinschaft, aufweisen kann.« Ein absolutes Unikum. Und die Bischofskathedrale? »Das war wohl die Kirche im Weinberg!« Sie befand sich dort, wo heute Reben wachsen.

Säben als Bischofssitz gehörte zu Aquileja und die Säbener Bischöfe nahmen an den dortigen Versammlungen und Konzilien teil. 590 wird ein »Ingenuinus de Sabione« als Teilnehmer am Konzil von Marano genannt, ein Jahr später ist dieser Ingenuin Mitunterzeichner eines Briefes an den byzantinischen Kaiser Maurikos. Ingenuin vertrat Positionen, die nach heutiger katholischer Lehrmeinung ziemlich nahe an der Häresie wären. Das entbehrt nicht einer gewissen Pikanterie, weil Ingenuin, heiliggesprochen, als einer der großen Schutzpatrone des Bistums Brixen verehrt wird.

Als die Kirche im Weinberg aufgelassen und auf der Felsspitze gegen 730 die neue »Kathedrale« errichtet wurde, hat man seine Gebeine mit nach oben genommen. Das Heiligengrab war mit Marmorplatten verschlossen und besaß darüber einen gemauerten Baldachin aus römischen Marmorsäulen. Allerdings erwies sich sein Grab bei der Ausgrabung als leer, wahrscheinlich wurden die Reliquien im 10. Jahrhundert nach Brixen überführt. Eine schlichte rote Marmorplatte mit lateinischer Inschrift in der Heilig-Kreuz-Kirche erinnert an den Bischof.

SPUREN DER JAHRHUNDERTE

Bei den Ausgrabungen im Weinberg kam ein ausgedehntes Gräberfeld zutage, mit Bestattungen teils in der Kirche selbst, hauptsächlich aber in deren unmittelbarem Bereich. Vorwiegend war es Bestattungsort der Romanen. Welches war der bewegendste Moment, frage ich Nothdurfter. Er zögert: »Vielleicht in den holzgestützten Gräbern die Goldfunde und der Goldbrokat. Das könnten die Gräber der bischöflichen Familie sein. Der Bischof war ja auch gleichzeitig der Kommandant.« Um 700 n. Chr. ließen sich auch wohlhabende Bajuwaren hier begraben, die Männer mit ihren Waffen und der vielteiligen Gürtelgarnitur. Romanen und Germanen liegen friedlich in der *pax aeterna* nebeneinander. Sinnfällig für die Geschichte des Landes Südtirol, dessen Bevölkerung aus dem Nebeneinander und der Verschmelzung von Romanen und Germanen hervorgegangen ist. Und das heute wieder eine Brücke schlägt zwischen Nord und Süd.

Wir sprachen vom Wehen der Geschichte. Bei den Grabungen, sowohl in der Marienkirche am Südhang als auch in der Heilig-Kreuz-Kirche auf der Kuppe, kamen die Reste zweier polygonaler Taufbecken ans Tageslicht. Zeugen aus einer Zeit, als es noch die Erwachsenentaufe gab. Davor zu stehen und hineinzublicken hat etwas ganz Besonderes. Warum aber gleich zwei Taufbecken auf dem Säbener Berg? War eines davon ein gotisches, hier vielleicht an der nördlichsten Reichsgrenze des Gotenkönigs Theoderich?

Berge und Spiritualität

Der Empfang ist sehr herzlich. »Heute ist der Kirschbaum aufgeblüht und er blüht für Sie!«, sagt mir die Altäbtissin Marcellina. Zu viel der Ehre! Man hatte mir aufgetragen, sie ja nicht zu überanstrengen, sie hatte einen Schlaganfall, sei aber auf dem Weg der Besserung. Und außerdem ist der Klostergarten ja Klausur, die kein Mannsbild betreten dürfte. Es sei denn, man steht in des Klosters Diensten wie der Arbeiter, der, während ich zur Grande Dame geführt werde, gemächlich im Gemüsegarten werkt. Sie sitzt auf einer Bank unter einer Kiwi-Laube und blickt hinüber auf die Autobahn mit den Endloskolonnen der Fernlaster: »Wie ich diesen Schwerverkehr verabscheue!«. Die Altäbtissin strahlt etwas Stolzes, Herrisches aus, trotz ihrer Gebrechlichkeit, und aus ihrem Blick blitzt die wache Intelligenz einer Intellektuellen. Wie kommt man aus Deutschland in ein Bergkloster? »Es war ein Umweg, ich bin in Deutschland eingetreten, war 15 Jahre in Herstelle an der Weser, da gab es eine hohe Spiritualität. Ich bin ja eigentlich Kriegsgeneration: Mein Vater war im Krieg und kam erst 1948 nach Hause. Ich habe damals Germanistik studiert und etwas Theologie in Regensburg – es war damals noch nicht üblich, dass man als Mädchen Theologie studierte.« Und sie tat es, allen Vorurteilen zum Trotz.

Daneben lastete die Sorge um den Verlag auf den Schultern der jungen Frau. Der Verlag Pustet war spezialisiert auf religiöse Literatur und Liturgie. Nach Kriegsende waren es in München die Amerikaner, welche die Lizenzen für Verlage vergaben. Und die Lizenz für den Pustet Verlag kam und kam nicht. »Mein Großvater schickte mich zu den Amerikanern und dann bin ich da rausgetippelt, mein Gott, ich war zwanzig Jahre alt, durch das völlig zerstörte München. Und die Amerikaner sagten ›No!‹. IAls junges Mädchen stand ich, ganz begossen, und fragte, was man denn tun könne, und die Amerikaner zuckten nur die Achseln. Ihnen sei das schnuppe.«

Sie ging zu einem Onkel, der ihr aus der Patsche half und ihr riet, einen anderen Lizenzträger zu suchen. Man fand ihn in der Gestalt eines Dogmatik-Professors und früheren Freundes des Vaters. Der Verlag musste seinen Namen ändern. »Ich bin dann bei ihm geblieben als externe Sekretärin und als Vertreterin der Pustet-Familie und habe mit ihm zusammengearbeitet. »Wir haben getan, was wir konnten, aber sehr viel war in den ersten Jahren nicht zu holen. Und da hatte ich den Gedanken, ins Kloster zu gehen; das Verlagswesen hat mich zwar interessiert, hauptsächlich aber die Beziehungen zu den Autoren. Pustet hatte ja die ganze Liturgie, lateinisch damals!« 1948 kam der Vater nach Hause und sie fühlte sich freier, wollte ihr eigenes Leben führen: »Ich sagte später immer: Ihr produziert das hier als liturgische Fabrik und ich habe es versucht zu leben, in einem Benediktinerinnenkloster!« Sie wurde die Gottessucherin in Gottes Wort, von dem sie weiß, dass vieles davon Menschwort ist. Aber sie blieb die Intellektuelle unter den Säbener Nonnen bäuerlicher Herkunft und holzschnittartigen Gemüts.

Säben zählte damals an die 40 Schwestern, »aber geistig nicht durchgeschult«. Deutsche Klöster wechseln sich ab und schicken Hilfe; Marcellina kommt nach Säben, weniger des Klosters wegen, sondern weil sie die Berge liebt. »Die Schwestern haben mich gern gehabt, ich habe Bibelkurse gegeben und der Anschluss wurde herzlicher.« Nach mehrmaligen Aufenthalten und einiger Probezeit wurde Marcellina 1970 vom Konvent – »unter kirchlicher Aufsicht« – zur Äbtissin von Säben gewählt. Sie erwirkte sich vom Bischof die Erlaubnis, einmal im Monat mit jungen Schwestern eine Bergtour zu machen, aber es kommt selten dazu, zu viel Arbeit steht an. Neben den Bergen ist es vor allem die Geschichte von Säben, die sie in den Bann schlägt. Sie zeigt hinunter zur Marienkapelle: »Kennen Sie das Taufbecken da unten, das bei den Grabungen zum Vorschein gekommen ist?«

Bei ihrem Amtsantritt lebten noch an die 40 Nonnen in Säben: »Das Bildungsniveau war niedrig, die Nonnen hier kamen alle von Bauernhöfen. Aber ich habe sie gern gehabt, die Schwestern, und sie mich. Die Alten sind dann weggestorben, aber es waren immer Junge da, sechs, sieben Novizinnen, doch die sind fast alle weggegangen.« Die Wunde schmerzt immer noch: »Da waren sehr gute dabei, aber sie sahen keinen Sinn mehr darin, weiter hierzubleiben, wo ihnen die Alten das Leben schwer machten.« Ein offener Generationenkonflikt hatte sich aufgetan. Den alten Nonnen mit schlichtem Gemüt und engem Bildungshorizont waren die Jungen zu modern; Schwester Marcellina würde das so direkt nicht formulieren, aber sinngemäß klingt es durch, auch wenn sie »niemanden verleumden« möchte. Bitternis schwingt mit. Sie, die Intellektuelle, die sich am liebsten mit Exegese beschäftigte, musste zusehen, wie der

vielversprechende Nachwuchs nach und nach das Kloster verließ. Auch für Schwester Ancilla war es hart, die Austritte mitzuerleben, wie sie im Gespräch später gestand. Aber mit den meisten hat sie noch Kontakt, die eine oder andere kommt sie auch besuchen.

Trotz alledem bleibt für die Grande Dame von Säben die Dankbarkeit, an so einem schönen und geschichtsträchtigen Ort zu sein. Schweigend blicken wir hinunter auf den Klostergarten, der Kirschbaum blüht und das Kuppelspiel der Marienkapelle leuchtet in der Sonne. Es wird Zeit für Marcellina, dass sie wieder in ihre Zelle zurückgebracht wird. Sie weiß, dass ich mich in Begleitung von Schwester Ancilla noch ein wenig umschauen werde im Klostergarten und auf dem Friedhof: »Zeig ihm am Friedhof, wo ich liegen werde, aber da muss wohl eine raus, die ich gekannt habe!«

Auf diesen trockenen Humor hin schnappte ich mir Herbert Rosendorfers »Die Gespensterrepublik oder Drei Tage auf dem Heiligen Berg Athos«, setzte mich in den Gästegarten und las die hintersinnige Reportage zu den Athosklöstern. Rosendorfer mokiert sich immer wieder über den sonderbaren Klostergeruch. Ich schnupperte an mir. Nichts Besonderes. Hin und wieder hörte ich den heiseren Schrei eines Greifvogels, der hoch über Säben seine Kreise zog.

Des Menschen Herz erdenkt sich seinen Weg;
aber der Herr allein lenkt seinen Schritt.

SPRÜCHE, KAPITEL 16, VERS 9

Dem Felsen abgerungen

Im Klostergarten

Wir treten hinaus in den sonnendurchfluteten Klostergarten, gehen unter Weinreben. Ich kenne ein Bild mit einer Nonne, die einen Traktor fährt. »Ach, die Andrea, das war eine tüchtige Arbeiterin – die ist ausgetreten, hat einen ehemaligen Arbeiterpriester geheiratet. Aber wir sind noch in Kontakt.« Jetzt sind zwei Arbeitskräfte fest angestellt, welche auch die Arbeit im Klostergarten, im Weinberg und im Obstgarten – es wird biodynamisch produziert – übernehmen. Beim »Wimmen«, der Weinernte, jedoch ist Ancilla immer dabei. Eine »süße« Abwechslung für das Mädchen aus dem abgelegenen, rauen Hochtal Langtaufers nahe am Reschenpass, ein bisschen Paradies im grauen Klosteralltag.

Ein Blick in den Obst- und Weingarten: Da breitet er sich einem zu Füßen aus, der uralte Wortsinn von Eden (sumerisch: Rand der himmlischen Steppe), mauerumschlossen, dem Fels abgerungen und – im wahrsten Sinne des Wortes hier auf Säben – der Welt enthoben. Ein kleines, unerwartetes Naturwunder.

Viel benediktinisches *labora* der Nonnen findet nicht mehr statt, ein bisschen Häkeln vielleicht, im Sommer ein wenig Werken im Garten. Die Bilder von Nonnen im Gemüse-, Blumen- und Bauerngarten sind Vergangenheit genauso wie der bäuerliche Nonnentyp hier auf Kloster Säben.

Der Weg zurück vom Weinberg in die Klausur führt durch einen Innenhof. Ein von Buschrosen überwachsener Maschendrahtzaun umschließt ein Viereck. Das war einmal der Hühnerhof im Klausurbereich – aufgelassen schon seit geraumer Zeit. Hahn durfte hier wohl keiner krähen? Aus der kargen Schlichtheit des Klosteralltags aber, mit offenen Armen versinken in der Pracht der Farben und in betörendem Duft – ist das nicht ein Widerhall jenes himmlischen Jerusalem, dieser Sehnsucht eines ganzen Nonnenlebens? Ein Angestellter betreut heute den Garten, was wäre denn Säben ohne Blumengarten? Verschwenderisch blühen nach wie vor im Frühling die Buschrosen und Ancillas Augen leuchten, wenn sie von ihren Rosen spricht.

Auf dem Friedhof

Eigentlich eine Idylle, hätte der Sensenmann nicht reiche Ernte eingefahren. Ein kleines Wäldchen, schattenspendend. Die schlichten, steingefassten Gräber tragen einfache Eisenkreuze. Die meisten Sterbedaten fallen in die Zeit zwischen 1990 und heute, einmal sind es zwei in einem Jahr. Ist das nicht bedrückend, wenn wieder eine Nonne stirbt? Schwester Ancilla lächelt. »Ich war einmal bei einer Sterbenden, die in den letzten Zügen lag. Wir, ein paar Nonnen, standen um das Bett herum. Plötzlich schlug sie die Augen auf und mit strahlendem Blick schaute sie über uns hinweg nach oben. Und weg war sie. Dieser strahlende Blick hat mich mit dem Sterben versöhnt. Und hat mir die Angst genommen.«

Schon in früherer Zeit war der Tod häufiger Gast auf Säben. Die Chroniken berichten von einem »bösartigen Husten«, der junge Nonnen dahinraffte. Arzt durfte ja keiner gerufen werden ohne bischöfliche Erlaubnis. Das hieß konkret: Erst musste ein Bote beim bischöflichen Ordinariat in Trient anfragen, ob ein Arzt gerufen und die Kranke untersuchen durfte: »Oft kam die Antwort nach dem Begräbnis. Männer und Hausverstand!« Ancilla schnaubt verächtlich. Ist der Tod auch ein Thema, wenn sie untereinander reden? »Wir haben hier keine bleibende Heimat. Wir sind ein geistiger Ort, wir fühlen uns wichtig. Vielleicht gibt es die eine oder andere Berufung, vielleicht entsteht eine geistige Gemeinschaft. Es braucht Orte, wo der Glaube lebendig ist. Noch tut's nicht weh, wenn ich durch die leeren Gänge gehe, aber wenn die Alten einmal nicht mehr sind …« Der Satz bleibt unvollendet.

ANCILLA – DIE MAGD

Ich rufe die Bilder des Chorgebetes und der Messe in der neuen Kapelle aus dem Gedächtnis auf. Viel leerer Platz in den Stühlen. Insgesamt sechs Nonnen, das Gebet sprechen vier, die fünfte ist schweigend in sich versunken, eine andere blättert gedankenverloren in einem Buch. Das gemeinsame Chorgebet ist die Klammer, die diese zerbrechliche Gemeinschaft offensichtlich noch zusammenhält. Wunderschön die Stimme von Ancilla – als trage sie das Herz in den Händen. Bei der Kommunion verschwindet Ancilla kurz mit einer Hostie: Sie wird sie der Altäbtissin in die Zelle bringen.

Neben mir betet eine junge Besucherin mit. Rothaarig, mit runder Nickelbrille, sehr hübsch, soweit ich das, sie diskret von der Seite anblickend, erkennen kann. Sie kennt sich aus in den liturgischen Texten, zeigt mir schnell die Stellen im Buch, die gerade rezitiert werden. Aber, sehr scheu, erwidert sie knapp mein Gruß nach dem Gebet und ist schon weg, bevor ich noch ein Wort an sie richten kann. Gern hätte ich mich eingehender mit ihr unterhalten.

Ancilla zupft ein bisschen an den Gräbern herum, es wird Zeit für den Frühjahrsputz. Da sind zwei leibliche Schwestern begraben, bei einer hat der Maler das Geburtsdatum falsch geschrieben. »Ach ja, die hat immer Leserbriefe geschrieben, oft sehr schrullige, die ich abgefangen habe. Einmal, mitten in der BSE-Krise, schrieb sie an den Landeshauptmann, er solle dafür sorgen, dass das gesunde Wildfleisch nicht ins Ausland verkauft werde. Von diesem Brief wusste ich nichts. Dann kommt ein Anruf aus dem Büro des Landeshauptmannes, eine Sendung sei unterwegs zum Kloster Säben. Anderntags müht sich schwitzend ein Mann herauf und übergibt der verdutzten Pförtnerin einen halben Hirsch. Mit besten Grüßen vom Landeshauptmann!« Innerlich sticht mich der Hafer, am liebsten hätte ich gefragt, ob die guten Schwestern bei dem vielen Hirschfleisch nicht ganz »wildbretsüchtig« geworden sind – Rosendorfers hintersinnige Texte lassen mich nicht los und treiben ihr Unwesen in meinem Hinterkopf.

Ancilla, die Magd – wie kam sie zu dem Namen? Eigentlich hätte sie gern etwas mit Maria oder Magdalena gehabt (Magdalena, die Sünderin? »Ja, ich hatte Beziehungen vor meiner Berufung.«), aber es ist Ancilla herausgekommen. »Ich war etwas verdutzt, weil ich am Beispiel von ancilla im Lateinkurs die a-Deklination gelernt habe.« Ich stelle mir Ancilla beim Staubsaugen vor, die dekliniert: *ancilla, ancillae, ancillae, ancillam, ancilla…*

HERR IN DEINE HÄNDE …

Beim Abendessen im Speiseraum für Gäste bin ich allein. Eine uralte, neugierige Nonne huscht kurz herein, am Dialekt erkenne ich ihre Herkunft. Ja, da komme sie her, aber das Dorf habe sich sehr verändert. Und weg ist sie. Es gibt Kaiserschmarrn mit Kirschkompott. Selbst gemachtem, versteht sich. Danach bin ich wieder im Gästegarten. Abgeschiedenheit. Innerhalb von Mauern, kaum fühlbar und doch: schmerzlich da, das Gefühl, eingeschlossen zu sein. Die Köchin und Haushälterin kommt mich suchen. Sie wolle verhindern, dass ich von Schwester Maria ausgesperrt werde. Das passiere manchmal, dass sie den Riegel vorschiebe, lange hätte ich da pfeifen können. Das Abendgebet der Nonnen ein einziges, inniges »Herr in deine Hände …«. In brüchigen Stimmen, die Stimme von Ancilla ausgenommen. Dann tippeln sie weg, durch lange Gänge, vorbei an Türen, hinter denen die Leere haust, zurück in ihre Zelle. Zurück in die Nacht und in ihr Ausgesetzt-Sein mit Gott. Nach dem Morgengebet gehe ich hinauf zur höchsten Stelle. Im Morgengrauen blicke ich über schwarze Waldrücken in die Dolomiten. Mit feinen Fingern schenkt Eos, die Morgenröte, den Geisler Spitzen ein hauchzartes Rosa. Mein schönstes Bild zum Abschied.

Kloster Neustift

Das kleine Weltwunder

IM MITTELHOF VON KLOSTER NEUSTIFT BEI BRIXEN STEHT EIN SPÄTMITTELALTERLICHER BRUNNEN, ÜBER DESSEN MARMORNEN TROG SICH EINE ACHTECKIGE HALLE ERHEBT, DIE IN NISCHEN DIE DARSTELLUNG DER SIEBEN WELTWUNDER TRÄGT. ZU DEN BEKANNTEN SIEBEN KOMMT NOCH EIN ACHTES DAZU: NEUSTIFT SELBST.

Kloster Neustift

Hinausgehen in die Welt

Ich blicke aus dem Wohntrakt der Chorherren hinaus auf den Innenhof. Es herrscht ein stetes Kommen und Gehen von Besuchern und es ist schon ein sonderbares Gefühl, so dicht an der Außenwelt und doch in Klausur zu sein. Meine Unterbringung, eine »Zelle« für Chorherren, ist recht vornehm, sie besitzt einen Vorraum mit einem schönen alten, mit Intarsien verzierten Tisch, mit einer historischen Sitzgarnitur und einem spätbarocken Ölbild an der Wand, hier konnte Besuch empfangen werden, hier konnte man disputieren und auch ein Glas Wein miteinander trinken. Der Nebenraum fungiert als Schlafraum mit Nasszelle, bietet nochmals eine Schreib- und Lesemöglichkeit, die beiden Fenster sind gerahmt von wildem Wein.

Von klösterlicher Mystik ist hier wenig zu spüren, es herrscht zwar Schweigen auf den hellen, weiten Gängen mit den vielen Ölbildern, aber das Gefühl, in einem Kloster zu sein, will sich nicht so recht einstellen, da ist etwas Signoriles und das Ganze atmet architektonisch den optimistischen Rationalismus des späten 18. Jahrhunderts. Vielleicht ist da eher eine Spur von einer etwas verstaubten Gelehrtenrepublik, die man einmal sein wollte; als Gast in diesen frommen Mauern verkneife ich es mir, dem Eindruck von »verstaubt« weiterzufolgen. Und dann ist da, wie schon gesagt, diese frappierende Nähe zur Außenwelt.

Was denn die Quintessenz des Augustinerordens sei, hatte ich den Abt gefragt. Er hatte mir einem Augustinus-Zitat geantwortet: »Einmütig im Hause wohnen und ein Herz und eine Seele sein auf Gott hin. Hinausgehen in die Welt, eingehen auf Gott.« Die, die einmütig hier im Hause wohnen, sind die Chorherren in Ruhestand, der Spiritual des Schülerheims und jene Chorherren, deren Pfarrei in der Nähe liegt. Die anderen sind draußen in den Pfarreien. Denn immer schon gingen die Augustiner Chorherren »hinaus in die Welt«, zwölf Chorherren sind es immer noch. Zum Fest des heiligen Augustin sind sie dann alle da, die Seelenhirten mit ihren Schäflein aus ihren Pfarreien, auch von weiter her. Die Bilder steigen auf: das Hochamt, eine perfekte *messa in scena*, in der Klang, Licht, Farben, glänzendes Gold und feierliches Ritual in der barocken Beschwingtheit der Kirchenarchitektur zu einem Gesamtkunstwerk verschmelzen. Draußen bei der Feier auf dem Vorplatz unter dem Festzelt dann der Beweis, dass man in Neustift den Spagat zwischen Spiritualität und Lebensfreude bestens beherrscht.

Bewegte Zeiten

Aus der Distanz gesehen, bedient der weitläufige Baukomplex mit palazzoartigen Gebäudefluchten, dem massigen Kirchturm, Kuppeldächern, Hochchören, Innenhöfen, Gärten und einer ausgedehnten Dachlandschaft alle gängigen Klischees von Klostervorstellung, denen die Weinberge ringsum weiteren Vorschub leisten. Neustift vereint alles, was man sich gemeinhin unter einem »richtigen« Kloster vorstellt: Die schönste Bibliothek landesweit, wie ein Allegro forte von Vivaldi schwingt die Stiftskirche in Farbe, Stuck und Gold, die Bibliothek reich bestückt mit kostbaren Büchern und Handschriften, ein »schankerprobter« Stiftskeller – ein Sprachklischee, aber treffend –, süffige, hoch prämierte Weine aus der eigenen Kellerei – und natürlich die Hausherrn selbst, die sich Chorherren nennen und den Akzent auf Herren setzen. Beinahe vergessen hätten wir das Schülerheim, dessen quirlige Bewohner mit hellen Stimmen und dem fröhlichen Toben Leben bringen in strenge Räume und weite Plätze.

AUF DEM WEG NACH ROM

Kaum vorstellbar, dass hier zur Zeit der Gründung nichts als Wildbach, Schlick, Sumpf und Weidengestrüpp bestand. Die Gründung ging 1140 von Bischof Hartmann von Brixen aus; den Grund und einen Großteil der Mittel stellten der Ministeriale des Bischofs, Reginbert von Säben, und dessen Gemahlin Christina zur Verfügung. Kein Geringerer als Friedrich I. Barbarossa ließ auf dem Reichstag von Bamberg 1157 einen Schutz- und Freibrief für die Nova Cella, das neue Stift, ausstellen.

Herr Rüdiger, Nachfolger des legendären Archivars Theobald, schließt mit schwerem Schlüssel die knarrende Eisentür auf. Bilder von einem früheren Gang ins Archiv mit Theobald drängen sich auf und die Handlungsabläufe überlagern sich: im Halbdunkel das Aufstoßen der knarrende Eisenflügel in der glaslosen Fensteröffnung, das Hervorholen der große Pergamenturkunde mit dem dicken kaiserlichen Wachssiegel, das sorgfältige Auseinanderfalten, das Überfliegen der Schrift mit den charakteristischen Überlängen, das Latein der mittelalterlichen Kanzleisprache: … *Fridericus divina favente clementia romanorum imperator augustus* … *volumus* …: Wir, Friedrich, durch Gottes Gnade Herrscher der Römer und Mehrerer des Reiches … entbieten Schutz … gegen alle, die dem Kloster Übles wollen et cetera et cetera … Der Kaiser und seine Berater wussten um die Bedeutung dieses neuen Stiftes, das am Fuß des wichtigsten Alpenübergangs auf dem Weg nach Rom und im Kreuzpunkt zweier großer, sich schneidender europäischer Pilgerrouten lag. Reisende, die von Süden kamen, konnten hier Kraft sammeln vor dem beschwerlichen Aufstieg zum Brenner und solche, die ihn gerade überwunden hatten, erholten sich von den Strapazen der Passüberquerung. Vor den Toren des Klosters hatte Hartmann ein Hospiz errichten lassen, das als freie Herberge allen Pilgern und Reisenden offenstand, wo die Chorherren auch Arme und Kranke verpflegten. Den Pilgern aus dem Norden mag das Hospiz als ungewöhnlicher Rundbau vielleicht schon wie eine Andeutung ferner Pilgerziele, der Engelsburg in Rom oder der Grabeskirche in Jerusalem, erschienen sein.

MITTELALTERLICHES HOSPIZ

Nach wie vor empfängt die zinnengeschmückte, rätselhaft verspielt wirkende »Engelsburg« am weitläufigen Vorplatz die Besucher. Im ebenerdigen Innern tragen schwere Bogengurten, die bis an den Boden reichen, das Gewölbe. Aus dem Dunkel schälen sich Alltagsbilder eines mittelalterlichen Hospizes, schemenhafte Gestalten liegen hingestreckt auf aufgeschüttetem Stroh, betend, schnarchend, Erfahrungen und Warnungen austauschend, die Schwären an den Füßen aus schmutzigen Lappen wickelnd, ihr ramponiertes Schuhwerk ausbessernd, an der zerschlissenen Kleidung unbeholfen herumflickend; die Luft eine zähe Geruchsbrühe mit Fladen von menschlichen Ausdünstungen, Fußschweiß, nassem Loden, Schafwolle und Rübensuppe. Dazwischen der eine und andere Chorherr, der seinen Dienst der Nächstenliebe an Reisenden und Hilfsbedürftigen versieht, wie es die Regel des Ordensgründers Augustinus verlangt.

WENN KÖNIGE REISEN

Wenn Könige und Kaiser reisten, und es reisten viele über den Brenner nach Rom zu der begehrten Kaiserkrone, stiegen sie im nahen Brixen ab, immerhin trug der Bischof dieses kleinen Bergbistums den Titel eines Reichsfürsten und hatte dementsprechend auch die Pflicht, den hohen Gast und seinen Tross ordentlich zu bewirten und zu beherbergen. Wie das aussah, wusste der Meister, der in der Viktorskapelle in Neustift um 1370 den Zug der Könige malte. Die Könige kommen leger daher in Reisekleidung mit einem Tross von Reitern, Lanzenträgern, Pferdeknechten und einem Koch. Gerade angekommen und als hätte er es nicht erwarten können, führt dieser Koch im Gehen noch einen Bittrich zum Mund: Wasser wird's nicht sein, was er da trinkt – nicht hier in Neustift. Hat sich ja wahrscheinlich lange genug gefreut auf einen ordentlichen Schluck. Sinnigerweise finden, vom Bildungshaus inszeniert, in unmittelbarer Nähe die hochprofessionellen Weinverkostungen statt. Ich glaube kaum, dass die Sommeliers um diese lustige önologische Kunstmarginalie wissen.

Lebendige Gemeinschaft

Am frühen Vormittag verlässt Prälat Georg Untergassmair die schlichten Räume seiner Prälatur, durchquert den Gang, wo die ernsten Porträts seiner Vorgänger hängen, die jüngsten gemalt von namhaften Südtiroler Künstlern, und begibt sich auf seinen alltäglichen Rundgang durch die weite Anlage. Eine Art »Pastoralbesuch« bei seinen Leuten in diesem seinem Kloster, in dem an die 80 Mitarbeiter/innen in Arbeit und Brot stehen.

Der erste Weg führt ihn ins Büro der Verwaltung, überall ein freundliches »Guten Morgen«, ein Händeschütteln und »eine gute Arbeit noch!« und weiter geht es mit Schwung die weite Barocktreppe hinunter, vorbei am überlebensgroßen Kruzifix, durch den Vorraum hinaus auf den Innenhof. Erste Touristen schlendern herum, schießen auch schon ein Foto vom Kirchenmann als optische Jagdtrophäe. Es sind täglich gut und gern an die 20 Stationen, die der Abt besucht und immer gibt es Neues: da ein Raum, in dem die Tischler werkeln, dort ein kurzes Gespräch mit den Putzfrauen im Schülerheim, hier ein knapper Gedankenaustausch mit dem Heimleiter, dort ein »Buon giorno« an die Italienischlehrerin, die gerade aus der Klasse kommt.

Später in der Küche ein »Blick in den Suppentopf« – allein unter den Schülern sind an die hundert hungrige Mäuler zu stopfen – und ein paar Scherzworte mit den Köchen. Im Büro des Bildungshauses »Oswald von Wolkenstein« wird über einen lustigen Kalenderspruch gewitzelt und kurz über die Programmbroschüre geredet, ein Gespräch mit dem Architekten steht an, und weder beim kreativen Malkurs noch beim Brainstorming der Bildungshaus-Leitung im Probst-Nikolaus-Haus will man stören.

Prälat Georg hat einen herzlichen Umgang mit den Menschen, manchmal aber bricht der etwas scheue Intellektuelle in ihm durch und dann fällt er in ein ortsfremdes Hochdeutsch, um darauf mit den Frauen im Bügelzimmer wieder ein herzerfrischendes Südtirolerisch mit Pustertaler Einschlag zu reden. Gewiss war es für ihn nicht so einfach, wieder heimisch zu werden in Neustift, nachdem ihn im Mai 2005 die Chorherren zu ihrem Probst gewählt hatten und er zuvor über Jahre als habilitierter Theologe im universitären Lehrbetrieb in Deutschland gestanden hatte. Für einen Buben aus einfachen Verhältnissen eines Bauerndorfes eine erstaunliche Karriere. Wie so oft war es auch bei ihm der Herr Dorfpfarrer gewesen, der den aufgeweckten Burschen zum Studieren nach Neustift geschickt hatte. Mit 18 Jahren trat er als Novize ins Kloster ein, studierte Theologie in Brixen, »er ging übers Brüggele«, hieß das damals in der Bischofsstadt. Nach seiner Priesterwehe arbeitete er zwei Jahre als Erzieher und Lehrer im Schülerheim, um anschließend in Würzburg Bibelwissenschaft zu studieren und dort zum Doktor der Theologie zu promovieren. 1982 wurde er als Universitätsprofessor an die Universität Osnabrück berufen.

hl 30
54

Brüder im »Geiste«

Im Stiftskeller

Das Treffen in der Kellerei mit dem Kellermeister Celestino Lucin ist besonders herzlich, man spürte es, die beiden schätzen sich und immerhin haben beide mit einer Form von »Vergeistigung« in ihrem Beruf zu tun. Könnte ich wählen, ich hielte es mit Celestino.

Abt Georg weiß, was er an seinem Kellermeister hat, es gibt keine nationale Weinverkostung, an dem die Stiftskellerei nicht regelmäßig einen ersten Preis einheimsen würde. Im Weitergehen geht der Blick des Abtes hinauf auf die steilen, filigranen Weinterrassen, die sich wie zwei schützende Hände um das Kloster legen. »Das wird alles noch Weinberg«, sagt er und zeigt auf zwei Hangflecken mit Hecken, die gerade gerodet werden. Am Magazin wird gerade eine Wein-Partie »Praeclarus« verladen und die Frau an der Kasse im Shop strahlt über das ganze Gesicht, als sie den Abt sieht. Otto, das »emeritierte« Faktotum und Herr der Schlüssel für unzählige Türen und Tore, ist gerade an der Speckschneidemaschine im hinteren Stiftskeller, wo's recht lustig zugeht; in der Kneipp-Abteilung stapft zufällig mal niemand herum und weil man eben Wasser gesehen hat, passt ein Glas wunderbarer Kerner »Praepositus« im Stiftkeller. Urban, der Verwalter, setzt sich auf einen Sprung dazu.

Die beiden, den Abt und den Verwalter, hat Neustift fest in seinem Griff. Urban von Knebelsberg hatte, als er den Dienst als Stiftsverwalter antrat, seiner Frau das Versprechen abgenommen, ihn nach fünf Jahren wieder herauszuholen. Schließlich wollte er nicht für immer im Kloster bleiben. Das ist inzwischen 25 Jahre her. Und Prälat Georg hatte seine Professur in Deutschland und ist nun Abt in einem der schönsten Klöster in den Alpen.

Ein berühmter Gast und drei Maß Wein

Es ist gerade Vormittagspause und die Mittelschüler – Buben zwischen elf und vierzehn Jahren – strömen hinaus aufs große Spielfeld, unterhalten sich in Grüppchen, essen ihr Pausenbrot, stillen ihren Durst mit Wasser am Brunnen. Wasser wird getrunken, wo einmal Wein vertraglich festgeschrieben war: Hinter den Schülern erhebt sich ein spätmittelalterliches Wohngebäude, »Wolkenstein«-Haus heißt es offiziell.

Oswald von Wolkenstein, Zweitgeborener eines Landadeligen, gehandicapt durch eine Lidlähmung am linken Auge von Geburt an, hätte nach dem Willen des Vaters eine klerikale Karriere einschlagen sollen: Was soll ein Einäugiger im rauen Ritteralltag? Der Vater schickt ihn mit zehn Jahren in die Domschule nach Brixen. Strenger Gehorsam und klerikales Getue liegen dem Buben nicht, er reißt aus, und der Vater gibt ihn einem reisenden Ritter mit, auf dass er nun doch das Ritterhandwerk erlerne. Oswald schlägt sich als Knappe, Pferdeknecht, Koch, Weinhändler und Abenteurer mehr oder weniger durch die ganze damals bekannte Welt, lernt Sprachen und entwickelt ein außergewöhnliches Durchsetzungsvermögen. Mit seinen Sprachkenntnissen macht er die Mächtigen auf sich aufmerksam: Wie sonst hätte ihn der deutsche König und Kaiser Sigismund mit heiklen diplomatischen Aufgaben betreut? Daneben besitzt Oswald ein ausnehmend feines Gehör für Sprachmelodie und für Musik – er ist es, der die Mehrstimmigkeit im deutschen Kulturraum einführt.

PFRÜNDNER IN NEUSTIFT

Um 1411 finden wir Oswald im Dienst des Bischofs von Brixen, als Wohnort aber wählt er das nahe gelegene Kloster Neustift. Der Vertrag ist im Stiftsarchiv erhalten: Oswald wird gegen Bezahlung von 150 Mark Berner als »Pfründner« aufgenommen und darf, solang er lebt, jederzeit das Haus neben der Margarethenkapelle mit zwei Knechten bewohnen. Das Kloster stellt Essen, Getränke: allein für Oswald drei Maß Wein; Holz zum Heizen und Futter für zwei Pferde. Wann immer ihm danach sei, könne Oswald mit dem Propst zusammen *»auz unser schussel«* speisen.

Hier in Neustift findet das Sprach- und Musikgenie eine gut sortierte Bibliothek mit prachtvollen Musikhandschriften und hat geübte Notenschreiber zur Hand, die ihm eine auf den vielen Reisen aufgeschnappte Melodie – Oswald verwertet die gängigsten »Erfolgsmelodien« seiner Zeit – aufschreiben können. Und da sind stets versierte Schreiber, denen er den einen oder anderen Liedtext diktiert. Mag schon sein, dass dann ein Schreiberlein, leicht errötend, wenn's ein mönchisches, grinsend, wenn's ein weltliches war, den anzüglich frechen Text zu Pergament bringt: *Ain graserin durch kühlen tau (...) hat mich erfreut in grüner au; das macht ihr sichel braun behaart, do ich ihr half den gattern rucken.*

LETZTE RUHE FÜR EINEN RUHELOSEN

Oswald wurde in Neustift begraben, nachdem er am 2. August 1445 in Meran gestorben und sein Leichnam bei »großer Hitze und unter großen Mühen« über die Berge (!) nach Neustift gebracht worden war. Die letzte Ruhe hat Oswald in Neustift jedoch nur bedingt gefunden. 1973 stießen Arbeiter beim Bau eines Heizungsschachts in der Stiftskirche in der Nähe des Taufsteins, der Überlieferung nach der Begräbnisstätte, auf ein spätmittelalterliches Mauergrab. Die daraus geborgenen Gebeine traten in der Folge (schon wieder) eine lange Irrfahrt – wie ihr Träger zu Lebzeiten auf seinen vielen Reisen – durch halb Europa an und wurden anthropologisch-anthropometrisch, pathologisch, toxikologisch und röntgenologisch untersucht. Sind das die Gebeine von Oswald? Vieles spricht dafür: Die säbelartigen »Reiterbeine« und die Spuren von Folterung an den Schienbeinen, der Schädelvergleich mit dem Porträt der Liederhandschrift – aber es bleiben Indizien. Verschont von den Blicken der Neugierigen liegen die Gebeine heute im Beinhaus unter der Marien Kapelle, eingeschweißt in einen schlichten Zinkbehälter mit Namen und Daten des Wolkensteiners.

»HERR WIRT, TRAG AUF DEN WEIN ...«

Warum die Schlichtheit? Oswald war ein trinkfester Zechkumpan: Nicht ausgeschlossen, dass da Gruppen von Oswald-Begeisterten in der Stiftsschänke erst den Liedtext wörtlich nehmen, um dann beduselt zum Grab in die Stiftskirche zu pilgern. Unerträglich die Vorstellung für die vornehmen Chorherren von Neustift, zum Pilgerort weinseliger Oswald-Fans zu werden. Sie haben mein Verständnis. Übrigens meinte Herr Theobald, der weise Archivar, Gott hab ihn selig, einmal ganz beiläufig zu mir, diese Gebeine seien wohl nicht die des Wolkensteiners, der hätte sich bei seinem Geltungsbewusstsein viel näher am Altar begraben lassen und Säbelbeine trugen im Mittelalter wohl alle, die viel zu Pferd unterwegs waren.

Wie dem auch sei: Ein bisschen Oswald-Wallfahrt darf schon sein – aber ja doch: Welches Kloster in Europa kann sich rühmen, die Gebeine dessen zu beherbergen, der vor Francesco Petrarca noch das erste, echte Naturgedicht (*»zergangen ist des herzens weh«*) in der europäischen Literatur verfasste? Im gotischen Kreuzgang findet sich Oswalds Kryptoporträt mit dem leicht geschlossenen linken Auge: Es schaut aus, als blinzle er.

Eine Herde für ein Buch

Wie leichtfüßig der Geist daherkommt! Und das trotz der schweren, in Leder gebundenen Folianten, die zu Tausenden, genau 96 000 an der Zahl, die Regale füllen. Dem Architekten Giuseppe Sartori war es 1773 gelungen, einen Raum für die Stiftsbibliothek zu schaffen, der sich unerwartet leicht, hell und geradezu verspielt präsentiert. Der Architekt hielt sich an das Modell des doppelstöckigen Saales mit einer Galerie auf dreiviertel Saalhöhe. Die Bücherschränke tragen verspielten Rokokodekor, das bewegte Helldunkel-Muster des Fußbodens führt eine beschwingte Konversation mit der heiteren Stuckornamentik der Saaldecke und die vielen Titel in Gold auf den braunen Lederrücken der sorgsam aufgereihten Bücher in den Regalen scheinen einen unendlich vielstimmigen Disput des Geistes quer durch alle Disziplinen zu führen. Optimistisches, aufgeklärtes 18. Jahrhundert und noch kein *El sueño de la razón produce monstruos*, keine Monster aus dem Schlaf der Vernunft: die kommen später. Der Vorraum der Bibliothek outet sich als ein schmales Kabinett, in dem sich düster auf beiden Seiten in neun Regalen übereinander die Folianten auftürmen, die zusammen mit Globen und wissenschaftlichem Gerät an Dr. Faustus' Studierstube gemahnen, und ein »Habe nun ach…« klingt leise im Ohr.

Schreiben ist Gottesdienst, sagt der emeritierte Bibliothekar Martin Peintner zur Tätigkeit der mittelalterlichen Scriptores. Gewiss brauchte die Klostergemeinschaft von allem Anfang an Bücher für die Feier der Liturgie und der Gesänge. Über diesen Gottesdienst hinaus befasste man sich aber mit einem weiten Spektrum des mittelalterlichen Wissens.

Würde man, so Herr Martin, einen analytischen Sachkatalog erstellen, »dann würde dieser Katalog folgende Stichworte enthalten: Ackerbau, Astronomie, Brückenbau, Bücher, Chemie, Chorgebet, Dichtkunst, Erziehung, Flussregulierung, Gastfreundschaft, Gesang, Geschichtsforschung, Handwerk, Herberge, Initialen, Krankenpflege, Kultur, Kunst, Liturgie, Malerei, Mathematik, Medizin, Mühlen, Musik, Naturforschung, Obstbau, Pädagogik, Pharmazeutik, Religion, Schmiede, Schule, Seelsorge, Straßen, Theologie, Urkunden, Viehzucht, Wissenschaft und Zivilisation.« Eine beeindruckend bunte Mischung, die überzeugend veranschaulicht, wie facettenreich sich das Leben im mittelalterlichen Klosterkosmos von Neustift gestaltete und Welten entfernt war vom gängigen Klischee.

Absolute Attraktion sind zwei Graduale, liturgische Bücher mit den Gesängen für das Kirchenjahr: Buchkultur im Schwergewicht von 30 Kilogramm. Herr Rüdiger, der neue Bibliothekar, schließt die Vitrinen auf. Die aufgeschlagenen Seiten sind von einer atemberaubenden Schönheit, kunstvolle Initialen mit biblischen Szenen in intensiven Farben und mit Blattgoldapplikationen leuchten auf, kraftvoll und penibel genau sind die Noten gesetzt, fein geformte Zier- und Randleisten mit floralen Motiven rahmen die Seiten.

Die trockenen Fakten: Der eine Band enthält 630 Pergamentseiten mit 13 Figuralminiaturen und eine Vielzahl von illustrierten Initialen, der andere besitzt 580 Blätter mit 8 Miniaturen und mehrere große Initialen. Die beiden Graduale haben mit den üblichen Büchern wenig gemein: Sie wurden für das gemeinsame Chorgebet auf einem großen, drehbaren Pult aufgelegt, damit eine ganze Gruppe von Sängern aus einem einzigen Buch die Noten für den Choral lesen konnte.

Ich versuche mir vorzustellen, wie viel Arbeitsschritte es braucht, bis so ein Foliant die Schreibstube verlässt. Ganz am Anfang stehen Schafe, viele Schafe. Zu Hunderten kommen sie im Herbst herab von den umliegenden Bergweiden, werden zu Dutzenden zur Schlachtbank getrieben. Es dauert nicht lange, und die Häute trocknen neben der Gerberei, werden sorgfältig gesäubert, geschabt und zugeschnitten. Dann kommt die hohe Zeit der Schreiber, Illustratoren und Miniatoren in der Schreibstube. Es muss recht lebendig zugegangen sein in so einem Skriptorium: Gehilfen, die eifrig Farben mischen, geschickte Hände, die feines Blattgold treiben, bevor der Miniator es sorgfältig einlegt an den vorgezeichneten Platz auf dem Pergament; jeder Arbeitsplatz eine kleine Werkstatt für sich mit Tintenfässern, Farbtiegeln, Gänsekielen, feinen Federn, winzigen Messerchen zum Zuschneiden – wie viele Federn für die Beschriftung einer Seite? –, mit Tierhaarpinseln in verschiedenen Größen; da lag ein Bimsstein, um das Pergament zu glätten und dort ein Lineal, um die Zeilenlinien zu ziehen. Und ich könnte mir gut vorstellen, dass manchmal der *Cellarius* mit einem guten Tropfen vorbeikam, alles *ad maiorem gloriam Dei*, zur größeren Ehre Gottes,

heißt es doch in der Bibel, der Wein erfreut des Menschen Herz. Und Schreiben ist ein trockener Beruf. »Pro Blatt brauchte es ein Schaf«, sagt der jetzige Bibliothekar, Herr Rüdiger aus Paderborn. Demnach haben für die zwei Prachtgraduale an die sechshundert Schafe dran glauben müssen.

IN DEN MÜHLEN DER GESCHICHTE

Dem Bücherbestand der Neustifter Bibliothek wurde mehrmals übel mitgespielt in der Geschichte. 1525 wird das Kloster von Bauern gestürmt und geplündert, die Mönche werden verspottet und verjagt. Türen werden eingeschlagen, Schränke und Kästen aufgebrochen, im Stiftshof lodert ein Scheiterhaufen, in den der aufgebrachte Mob Handschriften und kostbare Bücher zum Verbrennen wirft. Was nicht verbrannt wird, wird zerhackt, zerrissen und zerschnitten. Doch die Bibliothek blühte wieder auf. Bis am 17. September 1807 ein königlich bayrisches Dekret die Auflassung des Klosters bestimmte: die Bibliothek wurde versiegelt.

Ein Jahr darauf verließen schwere Fuhrwerke mit Büchern im Gewicht von drei Tonnen Neustift in Richtung Innsbruck. Allein das Gewicht wurde registriert, es gab keine Liste für die in der Universitätsbibliothek Innsbruck abgegebenen Bücher. Nach dem Ende der bayrischen Herrschaft kam vieles wieder zurück, einige der schönsten Exemplare mussten bis 1929 auf ihre Rückkehr warten, als auf Druck des italienischen Staates 99 Handschriften zurückerstattet wurden, die heute zu den besonderen Schätzen zählen. Wie die Konstanzer Chronik, in der uns Oswald von Wolkenstein begegnet.

Ein Hauch von Paradies

Die Pforte zum Paradies ist unscheinbar: ein einfaches Holztor neben dem ersten Torbogen. Dort aber finden die Besucher nur Eintritt, wenn dreimal in der Woche Gartenführungen angeboten werden. In Begleitung des Abtes aber durch die Klausur den Barockgarten zu betreten ist schon etwas anderes. Da tritt man aus dem fahlen Grau des Gewölbeganges hinaus ins Licht und fühlt sich in eine andere Welt versetzt. Eine Herrlichkeit tut sich auf. Die geometrische Strenge der Rabatte verschwindet hinter verschwenderisch blühenden Blumenbeeten, üppig brechen Rosen auf in allen Farben und Formen, man schlendert unter weinbehangenen Lauben, mächtig erhebt sich ein Mammutbaum, gleich daneben stehen jahrhundertealte Ginkgobäume, absolute Exoten, als man sie pflanzte. Die barocken Chorherren liebten exotische Bäume und Sträucher und hatten sogar eine Orangerie anlegen lassen. In allem aber blieb, damals, als man glaubte, die Natur mit der Gartenschere zähmen und »adeln« zu müssen, in dieser Anlage immer noch ein sympathisches *laissez faire*, ohne allzu sehr einem optischen Realismus zu huldigen. Das hat sicher etwas mit dem Selbstverständnis des Katholizismus zu tun, der dem spirituellen Rigorismus immer ein Quäntchen anarchische Sinneslust zur Seite stellt.

Längst vergessene Lyrik-Passagen fallen einem ein beim Anblick der sich verjüngenden Brunnenschalen, und auf der Sonnenuhr ist es, als habe die Sonne selbst die Hand auf ihren Schatten gelegt und die Zeit für ein Weilchen angehalten. Verspielt erhebt sich das Piszin, ein reich verziertes pagodenartiges Türmchen, um das sich einmal ein Fischteich, daher der Name, ausdehnte. Irgendwann geht der Garten in eine Wiese mit Nutzbäumen über und endet an einer unscheinbaren Umfassungsmauer, die vom sogenannten Türkenturm überragt wird. Woher der Name? Im Jahr 1476 war man gerade mit Arbeiten am Kirchenbau beschäftigt, als die Schreckensnachricht vom drohenden Türkeneinfall in diesen idyllischen Winkel platzte. Eine hohe »Türkenmauer« wurde um das Kloster gezogen, der Michaelskapelle wurden Zinnen aufgesetzt und Schießscharten verpasst. Der Krieg pochte nicht an die Pforten des Paradieses, Neustift hatte Glück, sogar dann noch, als aus dem Pochen Bomben wurden, die im März 1945 alliierte Fliegerstaffeln abwarfen, und der uralte romanische Kirchturm zeigte, was ein Gebäude mit Rückgrat ist!

Das Gesicht des Abtes strahlt und man merkt ihm an, dass er den Garten mag, diese Harmonie. »*Ut omnes unum sint*«, auf dass alle eins seien, ist sein Motto. Wie könnte man uneins sein an so einem Ort? Und doch: Jedes Paradies hat seine Schlange. Welche ist es hier? Ist es die schleichende Angst, dass dies alles, dieses wirtschaftlich blühende Kloster, einmal nichts sein könnte, die weiten Gänge tot, die Zellen leer sein werden, wenn die Berufungen ausbleiben? »Wir haben Postulanten, junge Männer, die bei uns anklopfen«, sagt der Abt. Und es schwingt Zuversicht in seiner Stimme.

Kloster St. Johann

Gottessuche kennt mehr als einen Weg

DIE GEOGRAFISCHE LAGE IN UNMITTELBARER NÄHE ZWEIER WICHTIGER EUROPÄISCHER FERNWEGE UND DER DAMIT VERBUNDENE PASSVERKEHR WURDEN ZUM BESTIMMENDEN SCHICKSAL FÜR DAS AUF 1270 METER SEEHÖHE GELEGENE KLOSTER ST. JOHANN IM GRAUBÜNDNER MÜNSTERTAL.

Kloster St. Johann

Weltkulturerbe im Passland

In Sagen steckt gern und oft ein historischer Kern. Der Sage nach soll Karl der Große auf der Rückkehr von seiner Krönung durch das Veltlin und den Umbrailpass das Kloster aus Dankbarkeit, den Schrecken der Berge heil entronnen zu sein, gestiftet haben. Karl war nach dem Sieg über die Langobarden 774 zu deren König gekrönt worden. Dendrochronologische Untersuchungen an den für den Bau der Kirche verwendeten Hölzern haben in jüngster Zeit ergeben, dass diese 775, ein Jahr nach diesem Datum geschlagen worden sind. Mag auch eine direkte Gründung ins Reich der Sage gehören, eine tatsächliche Einflussnahme des Herrschers scheint dadurch doch gesichert.

Der Bischof von Chur hätte die finanziellen Mittel für die großzügige Anlage nie aufbringen können, vereinfachend gesagt war es wohl so, dass der König den Anstoß gab und die Mittel bereitstellte und der Bischof für die konkrete Umsetzung sorgte. So jedenfalls sieht es die historische Forschung. Noch eins spricht für eine direkte Einflussnahme Karls des Großen: Zu künstlerisch wertvoll geriet die Ausgestaltung, zu hochstehend war die Ausstattung. Wie hätte es sich der Bischof eines Berg- und Passbistums leisten können, Natronglas, um ein Beispiel zu nennen, hergestellt nach antikem Rezept im Nahen Osten, als Rohmaterial zu importieren und es in Müstair zu millimeterdünnen Fenstergläsern verarbeiten zu lassen, die nicht nur im Sakral-, sondern auch im Klosterbau eingesetzt wurden? Seit ihrer Gründung trug die Anlage trotzdem den einfachen Namen *monasterium*, Kloster, den es, gemeinsam mit dem Dorf nach wie vor trägt: Müstair. Das ursprüngliche Männerkloster wurde im 12. Jh. in ein Frauenkloster umgewandelt, das es bis heute geblieben ist. Kloster Müstair ist UNESCO-Weltkulturerbe. Die Drei-, eigentlich Fünf-Apsiden-Kirche besitzt europaweit den umfangreichsten Freskenschatz aus der karolingischen Zeit, der zugegebenermaßen durch Übermalungen, Übertünchungen und Umbauten Schaden gelitten hat. Seine Wiederentdeckung um 1900 wurde zur kunsthistorischen Sensation und umfangreiche Restaurierungsmaßnahmen folgten. Vom groß angelegten Jüngsten Gericht an der Westwand über der Empore ist einiges erhalten. Aus einem Bild spricht Endzeitpoesie: Engel rollen den Himmel ein. Die Empore ist Klausur und das Bild in natura zu sehen ist nur den Nonnen vorbehalten. Noch wird ihr Himmel nicht eingerollt. Noch spannt er sich über die betende Frauengemeinschaft.

Die neue Priorin

Es hat leicht geschneit an diesem 28. Jänner in Müstair im schweizerischen Münstertal und das flockige Weiß verleiht der wuchtigen Klosteranlage von St. Johann einen unerwarteten Hauch von Leichtigkeit. Wie weiß überzuckert stehen Grabkreuze und Statuen rechter Hand auf dem Weg zur Stiftskirche. Drinnen gedämpftes Licht, es ist eiskalt und die Atemluft der Anwesenden kondensiert in kleinen Wolken vor den Mündern. Ich finde einen Platz neben Pater Pius, dem Prior des Klosters Marienberg, der das Kloster bei dieser besonderen Feier vertritt. Fröstelnd fällt mir ein, irgendwo gelesen zu haben, dass zur Winterszeit sich die Nonnen gegen die Kälte der Klosterkirche in Schafspelze gehüllt hatten. Muss ein sonderbares Bild gewesen sein.

Im schlichten schwarzen Habit ziehen die Nonnen paarweise ein, verteilen sich auf die ersten Bänke; etwas breit wirken sie, tragen wohl unter der Nonnentracht genügend Warmes. Heute ist ein besonderer Tag: Wann erlebt man schon die Einsetzung einer Priorin durch den Bischof? Die letzte Einsetzung liegt 26 Jahre zurück; über fünfundzwanzig Jahre hatte Schwester Pia Willi die Geschicke des Frauenklosters St. Johann geleitet, ehe Schwester Dominica Dethomas im Oktober 2012 zur neuen Priorin gewählt wurde. Der 28. Januar ist bewusst gesetzt, es ist das Fest Karls des Großen, dessen Stuckstatue vorne im Altarraum an der Mauerstirn zwischen Mittel- und Südapsis mit Reichsapfel und Zepter gleichmütig über die Köpfe des Kirchenvolks hinwegblickt. Karl, der auf Betreiben Friedrich Barbarossas unter Billigung des Gegenpapstes Paschalis III. heiliggesprochen und dessen dubiose Heiligsprechung von der Kurie jedoch nie offiziell angefochten worden war, wird in St. Johann besonders verehrt, geht die Gründung des Klosters einer Legende zufolge doch persönlich auf ihn zurück.

DAS WEHEN FERNER JAHRHUNDERTE

Bischof Vitus Huonder nimmt mit seinem Assistenten und dem Pfarrer von Müstair, der gleichzeitig auch Spiritual des Konventes ist, im Altarraum Platz und die vormalige Priorin, Schwester Pia Willi, begrüßt den Bischof, dankt ihm, dass er von Chur den Weg über die Pässe gefunden hat, und bittet ihn, mit der Liturgie fortzufahren. Das Selbstverständnis, in einer Passlandschaft zu leben, ist hier offensichtlich unauslöschlich eingebrannt in das Bewusstsein der Menschen. Die Liturgie entfaltet sich überraschenderweise sehr schlicht, man hätte sich mehr Pracht erwartet, in der die katholische Kirche ja unübertroffene Meisterin ist, doch hier regiert Schlichtheit. Prunk und Pomp sind Geschichte. Später werde ich erfahren, dass die letzte Äbtissin 1810 starb, und beim Museumsbesuch werde ich deren Äbtissinnenstab begegnen.

In der einfachen Choreografie offenbart sich das Wehen ferner Jahrhunderte, zuerst, wenn die Assistentin Schwester Benedicta vor den Bischof tritt und ihn bittet, die Benediktion für die neue Priorin zu sprechen und der Bischof fragt, ob die Wahl rechtmäßig erfolgt sei. Rechtmäßig: Wie viele Intrigen hatte es bei der Wahl einer Äbtissin in früheren Jahrhunderten wohl gegeben? Dann die Befragung und der darauf folgende Segen des Bischofs: In der Einmaligkeit von Sprache und Ritual leuchtet etwas vom Geheimnis des Nonnenwesens auf.

> Wer ständig nach dem Wind schaut, kommt nicht zum Säen, wer ständig die Wolken beobachtet, kommt nicht zum Ernten.
>
> KOHELET, KAPITEL 11, VERS 4

Ist Sie bereit, ihren Gelübden treu zu bleiben, die Regel des heiligen Benedikt zu beachten und ihre Schwestern dazu anzuleiten, sie zur Gottesliebe, zu einem Leben nach dem Evangelium und zur geschwisterlichen Liebe hinzuführen? Eine gute Hausmutter soll sie sein, den Besitz des Klosters treu verwalten zum Nutzen der Schwestern, der Gäste und der Armen. Und immer antwortet Schwester Domenica: Ich bin bereit! Zum Schluss kniet sie nieder auf der ersten Altarstufe, während der Bischof die Hände über sie ausbreitet und das Segensgebet spricht, in dem der fünfzehnhundert Jahre alte Wortlaut der Regel des heiligen Benedikt anklingt, vom Wort der Weisung ist die Rede und dass sie allzeit bedenke, welch mühevolles Amt sie übernommen hat, Menschen auf den Weg des Heiles zu führen, und der Eigenart vieler zu dienen, sie wisse, dass sie mehr vorsehen als vorstehen soll.

GESPÜR FÜR MENSCHENFÜHRUNG

Die Miene meines Kirchenbanknachbarn Pater Pius, Prior in Marienberg, ist undurchdringlich, gern wüsste ich, was er bei diesen weisen Worten denkt, und ich sehe ihn wieder vor mir, wie er vor Jahren bei einer Tischlesung im Refektorium von Marienberg genau diese Passage vortrug, hin und wieder auf- und zum Abt hinblickend, bis dieser mit dem energischen Schwingen der Tischglocke die Lesung für beendet erklärte. Menschenführung hinter Mauern muss schwer sein. Denn da lebt eine Gemeinschaft mit verschiedensten Charakteren Tag für Tag und Nacht für Nacht zusammen, aus der es so leicht kein Weggehen gibt. Menschliche Schwächen können sich potenzieren auf engem Raum. Unerträglich, wenn es da nicht ein Drittes gäbe.

Priorin Domenica erhält aus den Händen des Bischofs eine Regel des heiligen Benedikt und einen Ring, der Ring mag angehen, denke ich mir, die Regel hat bibliophilen Wert, die hat die Priorin längst verinnerlicht und auf ihre Weise interpretiert und gelebt. Gelebt auf ihre originelle Weise, sie ist kein Kind von Traurigkeit und schon gar keine abgehobene Mystikerin, ihre kurze Ansprache blitzt von Humor und offen gezeigter Lebensfreude, die sich von kirchlichen Hierarchien nicht ins Bockshorn jagen lässt. Nachdem der Bischof ja so weit weg sei jenseits der Pässe, solle man ihn ruhig anrufen, wenn sie ihr Amt nicht ordentlich ausführe, und er solle sich dann eben bei ihr melden, auch telefonisch, um verschmitzt indirekt zu sagen, lieber Herr Bischof, du bist weit weg und ich bin hier und werde das Kind schon schaukeln. Zum Schluss bedankt sie sich mit einem rätoromanischen »Grazia fitg«, einem Dankeschön.

Schwester Domenica ist die Einzige, die aus Müstair selbst kommt und die, wie mit unverkennbarem Stolz vermerkt wird, auch Rätoromanisch spricht. Mit 25 Jahren trat sie in die Klostergemeinschaft hinter die Mauern von St. Johann ein und es muss für sie anfangs hart gewesen sein, vom Kloster, (aus ihrer Zelle?) hinauszuschauen auf ihr Elternhaus, das keinen Steinwurf weit entfernt liegt, und wissen zu müssen, dass sie nicht mal auf eine Sprung hinüber kann zu ihren Eltern und Geschwistern. Ich nehme mir vor, sie später danach zu fragen und überhaupt mit ihr länger zu sprechen, zumal sie eine geschickte Feder führt und einen originellen Stil besitzt. Im Klosterladen ist eine CD von ihr erhältlich, die den Titel »Der Rebell« trägt und das Herz meint, das sich manchmal gern auflehnt gegen Klosterdasein und Gottesruf, dass Klosterfrausein erst gelernt werden müsse, aber dass Gott alles wiedergutmache.

Alle Val Müstairer, die zwischen 1976 und 2000 geboren wurden, haben sie als humorvolle und herzliche Kindergärtnerin erlebt. Wie haben die Kinder zu ihr gesagt? Sagten sie Onda, Tante, zur Frau in der schwarzen Nonnentracht? Gern redet sie mit Jugendlichen, heißt es, erklärt ihnen die Schätze des Klosters, spricht sie über das Nonnensein. Ich stelle mir sehr gut vor, wie sie scherzt und lacht und wie sie den Zugang zu den jungen Menschen findet, aber ob es ihr, trotz ihres offenen und einnehmenden Wesens gelingt, den Samen der Berufung in das Herz einer jungen Frau zu legen, eines ihrer vordringlichsten Anliegen, das steht, wollen wir es einmal biblisch formulieren, in Gottes unergründlichem Ratschluss.

Beim Apero im Klosterkindergarten ist es gerammelt voll; neben den Honoratioren aus Chur und Zürich sind ganz Müstair und halb Obervinschgau da und unterstreichen die alte Gemeinschaft der Menschen dieser Gegend über Staatsgrenzen hinweg. Im Weggehen erhasche ich aus den Augenwinkeln Schwester Pia, sie ist in ein Gespräch vertieft, leicht erschrocken wende ich mich ab, wie ich die Tränen in den Augen ihrer Gesprächspartnerin bemerke und ungewollt deren eindringliches »Beten Sie für mich!« vernehme.

> Wenn Klugheit wirksam ist, wer in aller Welt
> ist ein größerer Meister als sie?
>
> BUCH DER WEISHEIT, KAPITEL 8, VERS 6

13
13
ITALY
13

Zeit im Schweigen

Es ist Viertel nach fünf. Ich ziehe den Vorhang zurück und blicke in eine sternenklare Winternacht. Es muss sehr kalt sein draußen; selbst hier drinnen im geheizten Gästetrakt fröstele ich. Spontan schießen mir die Bilder der alten, ehemaligen Zellen im wuchtigen mittelalterlichen Wohnturm durch den Kopf, in denen ich gestern in der Februarkälte gestanden war, nichts als enge Bretterverschläge, hineingezimmert in ein roh verputztes Mauerviereck, durch dessen Schindeldach der Wind Regen und Schnee trieb; das Bett mit Himmel viel zu kurz, um sich auszustrecken, man schlief im Sitzen, ausstrecken konnte man sich erst im Tod, ein winziger Tisch mit Kerze, ein schmales Möbel mit einem Waschkrug, in dem das Wasser gefror; einziges Zugeständnis für ein bisschen Wärme eine Wärmflasche aus Metall, deren noch lauwarmes Wasser die Nonnen in aller Herrgottsfrüh beim Aufstehen für eine überhastete Katzenwäsche verwendeten, bevor sie schnell, schnell über Treppen und Gänge zur Vigil in die Kapelle trippelten.

DIE VIGIL

Die neue, geheizte Kapelle ist in L-Form gebaut, sodass Besucher ums Eck den Gebeten beiwohnen können. Das »Herr öffne meine Lippen« klingt schon fast vertraut, die Psalmen hatten wir, auf Latein damals noch, in der Stiftsschule gesungen, vom Dank an den Herrn ist heute die Rede für das Land, für Wasser und grüne Weiden, nicht Salzsteppe und Wüste wie für die Feinde des Herrn. Mose zürnt und schimpft in der Lesung, zerschmettert die Gesetzestafeln, lässt das Goldene Kalb zu Staub zerreiben: Worte und Sätze, vor fast dreitausend Jahren fernab in der Wüste erdacht und hier gesungen von erkälteten Frauen, deren Stimmen mitunter kippen, als seien sie im Stimmbruch. Nach einer halben Stunde ist die Vigil zu Ende, schweigend verlassen die Nonnen den Raum, einige treten vor in den Altarraum und werfen sich vor dem Tabernakel in die Knie, eine wirft sich ausgetreckt zu Boden: absolute Hingabe und Demut.

Ich stehe im finsteren Gang und schaue über den Küchengarten hinüber auf die gegenüberliegende Hausfront. Im Parterre sind Fenster erleuchtet, ich sehe nur Nonnenköpfe in den oberen Fenstervierecken, eines gibt den Blick auf die Stirnseite eines Tisches frei, an dem eine Nonne, bei genauerem Hinsehen erkenne ich die Priorin, Platz nimmt. Ihre Bewegungen sind gemessen, als folgten sie dem Rhythmus der eben noch skandierten Psalmen, in einem anderen Fensterviereck huscht ein Kopf in ihre Richtung, taucht im anderen Viereck auf, Schwester Dominica nimmt eine Kanne in Empfang, gießt sich in die Schale ein, schichtet etwas auf ihren Teller. Offensichtlich sind die Schwestern beim Frühstück. Und offensichtlich wird geschwiegen. Es ist sechs Uhr. Die Szenerie hat etwas Kafkaeskes: K, der Landvermesser, möchte ins Schloss und kann sich unerklärlicherweise ihm nicht nähern. Ich stehe hier im Dunkeln, beobachte als Fremder eine einfache, fast intime Szene des Klosteralltags und rätsele über das Geheimnis der Berufung.

WAS IST BERUFUNG?

»Was ist Berufung?«, frage ich später Schwester Pia. Wir sitzen im Besucherzimmer, weiße Wände, ein paar süßliche Bilder religiösen Inhalts, ein länglicher Tisch in der Mitte, rechts an der Wand eine rechteckige Öffnung mit Eisengitter, dahinter ein zugezogener Vorhang, davor rechts und links je ein Stuhl. Schwester Pia: ein offenes Gesicht mit wissenden Augen, aus denen Altersmilde spricht. Sie, die Berufung, war schon sehr früh, sagt sie, sie sei mit 15, 16 in einem Internat mit Nonnen in der französischen Schweiz gewesen. »Ich hatte ein beseligendes, ein beglückendes Erlebnis bei der heiligen Kommunion und das war ausschlaggebend, mein Leben Gott zu widmen.«

Sie möchte sofort ins Kloster eintreten, doch die dortige Priorin sagt ihr, sie müsse erst das Leben kennenlernen. Also besucht sie die Kunstgewerbeschule in Zürich, sucht sich eine praktische Arbeit, wird nach Paris verschlagen, wo sie für einen Verlag wissenschaftliche Illustrationen zeichnet und sich für modernen Tanz interessiert. Der innere Ruf sei aber nie ganz zum Verstummen gekommen.

Mit 26 ist sie in den Ferien im Kloster Disentis und macht einen Ausflug nach Müstair. »Wie ich hier in der Kirche von St. Johann stand, spürte ich ganz deutlich, dass das der Ort ist, wo ich hingehöre!« Sie ist sofort hingegangen und hat sich angemeldet: »Das war im September 1958 und eingetreten bin ich am 18. Dezember 58.« Der Vater, ein angesehener Arzt in Zürich, habe sie schon gefragt, ob sie denn wisse, was sie da mache, schließlich sei sie eine Künstlerin und »Blaustrumpf«, aber sie blieb unbeirrbar bei ihrer Entscheidung. »Ich hätte aber nicht durchgehalten, wenn er nicht so stark gewesen wäre, dieser innere Ruf. Das war sehr hart! Ich kam in ein anderes Jahrhundert!« Damals war das Kloster noch sehr arm und sie sagt wörtlich: verlottert. »Wenn es regnete, tropfte das Wasser ins Bett im Schlafsaal für das Noviziat, da gab es so Kabinen, man hatte ein Tischchen mit einer Emailschüssel zum Waschen und ein Gläslein zum Zähneputzen, dann musste man furchtbar sparen mit dem Strom, oft durften wir nur eine Kerze anzünden.« Und das Bett so kurz, dass sie sich nicht ausstrecken konnte. Und alles musste so schnell gehen, in einer Viertelstunde musste man angezogen und gewaschen und im Chor sein zur Betrachtung um halb fünf. Und das Brevier auf Lateinisch!

Die bürgerliche Intellektuelle war mit »Bergbäuerinnen« zusammen, zu sprechen gab es ohnehin kaum Gelegenheit, da striktes Schweigen herrschte und die Nonnen sich oft nur über Gesten verständigten, nur mittags und abends war Rekreation, da war die ganze Gemeinschaft beisammen. »Halt gab einzig und allein das innere Bewusstsein: dahin gehörst du!

Wenn ich ausgetreten wäre, hätte ich einen Bruch gemacht mit etwas ganz tief drin, das wäre für mich ein Ungehorsam gegenüber Gott gewesen.« Zum *labora* gehörte kilometerweise Putzen und bei der Wäsche helfen, im Sommer auf dem Feld arbeiten, »so gut ich konnte, ich war natürlich nicht die Beste dabei«. Alle Bücher waren weggenommen worden und sie musste anhören, was beim Essen vorgelesen wurde, das war auch nicht gerade ein intellektuelles Vergnügen. Briefe schreiben durfte sie nicht und die Briefe, die sie bekam, durfte sie nicht selbst lesen, die Novizenmeisterin las sie vor. Beim ersten Besuch war Umarmen verpönt.

NEUE AUFGABEN

Als sie dann Priorin wird, muss sie umlernen und selbstständig entscheiden, nachdem sie 27 Jahre lang »Untergebene« gewesen war. »Es wurde für mich spannend und interessant, denn das war der Anfang des Klosterumbaus, da kam ich mit Architekten zusammen und mit Kunstdenkmalpflegern und auf einmal war es wieder interessant, dass ich die Kunstgewerbeschule gemacht habe.« Im Westtrakt wurden die Wohnräume und Zellen renoviert – und moderne Wohnlichkeit hielt Einzug in die mittelalterlichen Mauern. Inzwi-

schen verfügen mehrere Nonnen über einen Computer und tragen ein mobiles Telefon bei sich. »Als ich in der Pforte arbeitete, habe ich oft einen halben Tag die Priorin gesucht!« Ich kann sie gut verstehen: Das Kloster ist ein Labyrinth von Gängen, Treppen, unterschiedlichen Bodenhöhen, Kapellen, Prunk- und Abstellräumen.

ALLGEGENWÄRTIGES SCHWEIGEN

Dann bin ich mit Schwester Pia unterwegs, habe das Vertrauen erworben, mir wird gestattet, die Klausur zu betreten, den Teil des Klosters, der Besuchern, vor allen männlichen, strikt verboten ist. Was auffällt: Schweigen. Alles schweigt. Alle Viertelstunde der Glockenschlag vom Turm. Kalte Gänge. Rechts die Türen zu den Zellen. Eine Nonne huscht durch eine Tür, entfernt sich trippelnd und wird vom Halbdunkel des Ganges verschluckt. Im geräumigen Rekreationsraum ist es wohlig warm. Schweigen auch hier. Zwei Nonnen sitzen mit Abstand an einem Fenster und sticken, einfache Kreuzstickerei die eine, kunstvolle Seidenstickerei die andere. Halb Müstair besitzt angeblich gestickte Fenstervorhänge aus dem Kloster und im Gästetrakt hängen die farbigen Seidenstickereien auf schwarzem Grund mit erlesenen Blumenmustern.

Wer im Geringsten treu ist, der ist auch im Großen treu; und wer im Geringsten ungerecht ist, der ist auch im Großen ungerecht.

LUKAS, KAPITEL 16, VERS 10

Als Schwester Clara hereinkommt, wird das Schweigen gebrochen. Clara, klein, rundlich, betagt und für ihr Alter sehr lebendig: Sie war es, die sich am Anfang sehr um Schwester Pia gekümmert hat, wird mir gesagt, sie, die geschätzte Köchin ist jetzt nur noch für »Guetis«, für Kekse, zuständig. Und für die Liköre, die im Klosterladen verkauft werden. Die Rezeptur sprudelt geradezu aus ihr heraus, ohne dass ich danach frage: Im dem omnipräsenten Schweigen wird der Drang, sich mitzuteilen, wohl übermächtig. Früher sei das Schweigen viel strenger beachtet worden und man habe sich mit Gesten verständigt: Zeit zum Essengehen bedeutete die geschlossene rechte Hand mit gestrecktem Daumen zu Mund zu führen. Schwester Pia macht es vor. Die Frontseite des Refektoriums beherrscht ein riesiges Kruzifix. Unwillkürlich fällt mir das monumentale Barockgemälde eines männlichen Martyriums mit viel nacktem Männerfleisch im ehemaligen Refektorium des Convento da Madre de Deus in Lissabon ein, zu dem, auf meine Verwunderung ob des Ortes hin, mir erklärt wurde, diesen männlichen Akt hätten die Nonnen gebraucht und es sein vollkommen verständlich, dass sie wenigsten beim Essen einmal einen schönen Mann sehen durften. Hier in St. Johann also ein wandfüllender Gekreuzigter.

Wie eine Matrone ragt dick die Dreivierteltonne des Lesepults in den Raum. Gegessen wird immer noch schweigend, nur die Vorleserin wurde durch ein Abspielgerät für Hörbücher ersetzt. Mit Sorgfalt und einfach ist der lange Tisch gedeckt, auf einigen Tellern stehen kleine Plastikbecher mit Medikamenten: Die Gemeinschaft ist nicht mehr die jüngste und die Gebrechen des Alters fordern ihren medikamentösen Tribut.

IM GLEICHMUT DES ALLTAGS

Der Außenhof mit seinen Tortürmen und den behäbig schlichtschönen Wirtschaftsgebäuden atmet den Geist einer anderen Zeit und offenbart das bäuerliche, uralte Gesicht des Klosters. Auf dem Klosterdach flaniert eine schwarz-weiße Katze, ich taufe sie insgeheim »la reine de la chartreuse«; im Hof zwischen Stall und Scheune lümmelt, ohne von einer Kuh viel Notiz zu nehmen, ein Zuchtstier herum, später stapfen gravitätisch Kühe durch den Nordturm Richtung Stallungen. Apropos Katzen: Vier davon gibt es im Kloster, das ganze Kloster ist ihr Revier, sagt Schwester Pia, und zwei haben ihr Refugium in einer leeren Zelle gefunden. Schwester Pia hat vor ein paar Jahren begonnen, mit feiner Hand Karten mit Klosterszenen zu zeichnen, auf denen neben den Nonnen auch Katzen vorkommen. Zwei Schwestern im casual look mit Fleece und Windjacke bringen in einem Handwägelchen Leergut nach draußen. Sie prusten und kichern und können sich vor Lachen nicht halten, nach einiger Zeit kommen sie wieder mit schlingerndem Wagen und des Kicherns ist immer noch kein Ende. Klosterleben kennt Heiterkeit, offensichtlich. Beim Abendessen im holzgetäfelten Stübchen spricht Schwester Brigitta das Tischgebet für uns zwei Gäste, eine Frau aus der Züricher Gegend, die für ein paar Tage hier Ruhe sucht, und mich. Die Unterhaltung ist fröhlich und ungezwungen, vielleicht liegt das auch am leicht vergorenen Apfelsaft aus dem Klosterkeller. Hat man noch Träume im Kloster? Ja, sagt Schwester Brigitta, manchmal schaue sie zum Himmel und sehe die Kondensstreifen der Flugzeuge und dann wünsche sie sich einen Flug mit dem Dreamliner nach Hongkong und Shanghai.

Der Klosterrebell

Der Artikel ist falsch gesetzt, aber weiblich gibt es dieses Wort grammatikalisch nicht. Klosterrebell nennt sie sich selbst. Priorin Schwester Domenica schreibt Texte und Gedichte. Ironische, humoristische und zwischen den Zeilen auch ein wenig aufmüpfige Texte. Man würde es ihr kaum zutrauen auf den ersten Blick, auf den zweiten, ja, da sprüht der Schalk aus den Augen. Sie stammt hier aus dem Dorf, spricht noch Rätoromanisch – besuchte den Kindergarten und die Primarschule bei den Klosterfrauen, auch in der Sekundarschule noch hatte sie Handarbeit bei den Klosterfrauen. Das sind Frauen, die für uns beten, so hat man ihr daheim erzählt. Weg von zu Hause, staunt sie, dass es kaum Klöster gibt, war sie doch der kindlichen Überzeugung, jedes Dorf besäße selbstverständlich so eine Einrichtung. Als Kindergärtnerin arbeitet sie vier Jahre in Chur, spürt manchmal den Wunsch nach einer religiösen Gemeinschaft, doch der Gedanke an Gehorsam und mangelnde Freiheit schrecken sie ab. Schlussendlich tritt sie mit 25 Jahren 1969 in St. Johann in ihrem Heimatort ein, in einer Zeit, als nicht wenige junge Frauen wieder ausgetreten sind. Sie sucht die Beschaulichkeit, aber auch die Aktivität, beides kann ihr das Benediktinerinnenkloster bieten. »Ich habe mich vom ersten Tag hier daheim gefühlt und war glücklich«, betont sie. Keim Heimweh, keine Sehnsucht nach Eltern und Geschwistern, deren Nähe sie in dieser unmittelbaren Nachbarschaft fast physisch spüren konnte? Doch.

SO NAH UND DOCH SO FERN

Von gewissen Orten des Klosters aus kann sie das Elternhaus sehen. »Dann bin ich gegangen zu schauen, was sie wohl machen. Dann habe ich gesehen, jetzt brennt das Licht in der Stube, jetzt im Schlafzimmer, jetzt gehen sie schlafen. Die Familie, das Familienleben hat mir am Anfang schon gefehlt.« Und sie hat Heimweh. Zur Mutter, die beim Eintritt geweint hatte, hatte sie gesagt, sie solle aufhören zu weinen, sie würden sich ja eh bald wiedersehen. Eltern und Geschwister kamen sie besuchen: »Aber nur im Sprechzimmer, und ich saß hinter dem Gitter und konnte sie nicht umarmen!« Probleme überspielt sie mit Humor. In einem Gedicht, das sie für ihre »lieben Eltern und Geschwister« vor ihrem Klostereintritt verfasst, witzelt sie über ihren Schritt: *»Fernsehen, Radio, Zigaretten / alles muss ich jetzt vergessen, / Alkohol und Nikotin / macht die halbe Menschheit hin. / Ohne Alkohol und Rauch / stirbt die Nonne schließlich auch! / dies irae, dies illa / ei, so sehet die Sibylla / wie sie jetzt parieren muss, / jeden Tag nur Habermus!«*

Sie, die ausgebildete Klostergärtnerin hat jetzt den Klosterkindergarten zu betreuen, obwohl sie das auf Dauer eigentlich nicht machen wollte. Es wurden über 30 Jahre. Als Kindergärtnerin nie den Wunsch gehabt nach eigenen Kindern? Nein, dieses Lebensmodell hatte sie schon vor ihrem Eintritt verworfen. Plötzlich aber ist die Krise da, die *acedia*, der Überdruss: »Ich konnte auch nicht mehr beten und man hatte keinen Draht mehr zum Herrgott, er war ja mein Du und er hat geschwiegen.« In der Zeit muss auch das Gedicht »Der Klosterrebell« entstanden sein. (Ich hätte nachbohren sollen.) Irgendwann spricht sie sich mit der Priorin aus und die rät ihr, es einfach auszustehen, nicht aufzugeben, sonst müsse sie wieder von vorne anfangen. Allmählich habe sich das Gewicht verflacht und dann war es weg. Und sie findet auch ihren Humor wieder.

VON SEGNUNGEN UND TÄNZCHEN

Hin und wieder schreibt sie Tagebuch, beschreibt Feste und Rituale: *»Und es wird gesegnet, mit dem Weihwasserwedel gespritzt, tüchtig mit dem Weihrauchfass geschwenkt hin und her und in alle Richtungen, bis man am Ende ist. Dann ist man ziemlich futsch, das Kloster ist groß und manchmal muss sich eine setzen, weil sie erledigt ist. Eine andere, die ein bisschen ein »Fässchen« ist, hat genug mit dem Nachkommen und auch ich, mir bleibt die Puste fast weg. Aber dann, am Schluss dieser heiligen Handlung haben wir wieder einmal das Kloster gesegnet und hoffen, dass die sieben Teufel über den Ofenpass oder ins Tirol verschwunden sind. (…) Ungefähr 150–160 verschiedene Lokale sind im ganzen Kloster. Man stelle sich vor, wie viele Türen da geöffnet werden müssen und dann jedes Mal Weihwasser hinein, Weihrauch und dann Teufel raus, Engel rein, Türe zu, nächster Raum, gleiche Zeremonie. Es ist nie Segen genug in dieser Welt. Also, bis nächstes Jahr, am gleichen Tag, zur gleichen Zeit, am gleichen Ort, Deo gratias, Alleluja!«* Um dann – »same procedure as last year« – nach einem wiederholten Türrekord, todmüde, fußlahm und weihrauchschwanger in die Zelle zu stolpern und ins Bett zu plumpsen, stelle ich mir vor. Halleluja.

Sie sind keine Kinder der Traurigkeit, die Nonnen von St. Johann. »Wenn eine Mitschwester ein Jubiläum hat, dann feiern wir das mit einem guten Mittagessen und auch mit einem Gläschen Wein. Einige spielen ein Instrument und dazu wird gesungen.« Und sogar ein Tänzchen gewagt, wie Schwester Dominica schreibt: *»Unserer Sr. Theresia juckte es in den Beinen, sie hielt es nicht mehr aus auf ihrem Stuhl, sie begann zu tanzen. Aber der Sr. Katharina gefiel das gar nicht und sie machte ein Gesicht wie eine saure Gurke. Da begab sich Sr. Theresia kurzerhand in den Kreuzgang hinaus, tanzte dort weiter vor der Statue des hl. Johannes Baptista. Er wackelte lustig mit, schaute etwas verdutzt drein, sagte aber nichts.«*

Sie bekommt den Auftrag, zu den besonderen Ereignissen ein Gedicht zu machen; die Mitschwestern mögen diese Gedichte und inzwischen sind daraus zwei dicke Ordner geworden, aber das sind Interna und nicht für die Öffentlichkeit bestimmt.

HANDFESTE FELDARBEIT

Daneben handfeste Feldarbeit, früher. Beim Kartoffelsetzen, Unkrautziehen in den Roggenfeldern, beim Heuen, beim Garbenbinden, beim Ähren- und Kartoffelauflesen. Vor allem aber beim Bergheuen hoch oben auf Runatscha. Muss ein lustiges Bild abgegeben haben, ein Traktoranhänger voller schwarzbekutteter Frauen auf der Fahrt hinauf. »Wir haben eine große Gaudi gehabt«. Runatscha ist nur noch Maiensäss und auf den Feldern der Klostergüter arbeiten jetzt Maschinen: »Sie haben Schönes weggenommen«, aber damals waren sie auch viel mehr als heute.

NACHWUCHS AUS DER FERNE

Jetzt sind sie nur noch zwölf Nonnen, zwei davon Philippininnen aus einem Kloster in Mindoro, die schon seit geraumer Zeit hier sind, »uns über die Durststrecke zu helfen wegen Nachwuchsmangels«; laut Vertrag mit der dortigen Äbtissin kehren sie nach drei Jahren ins Mutterkloster zurück, eine ist jedoch schon das elfte Jahr da und möchte für immer bleiben. Nur im Winter friert sie fürchterlich. Eine Klosterinteressentin hat sich angemeldet, sie wird ab Freitag zwei Monate mit der Gemeinschaft leben und sich prüfen, ob das der richtige Weg für sie ist. Sie ist schon 49, aber sie passe gut

zu den zwei Jüngsten, die auch schon 49 und 50 sind, da findet sie Anschluss. »Wenn eine Fünfundzwanzigjährige käme, das wäre für eine allein fast unmöglich.«

Wie Nachwuchs heranziehen? »Wir haben uns sehr geöffnet im Vergleich zu früher, wir machen viele Gruppengespräche, wir machen Werbung für unsere Kurse im Internet, wie bieten Exerzitienwochen, wir bieten die Fastenwochen nach Hildegard von Bingen an, etwas ganz Neues, vielleicht kommen da auch junge Menschen zu uns. Sie sind ja immer auch eingeladen, mit uns zu beten.« Für die Jugend haben sie noch nichts, aber Sr. Dominica möchte wie in anderen Klöstern hin und wieder eine Jugend-Vigil einführen, eine Nacht des Gebetes nur für Jugendliche. Sie haben lernen müssen: Man muss sich öffnen, zugehen auf die Menschen.

BLICK ÜBER DIE GRENZEN

Sinnend fährt sie mit ihrer Hand über das handgewobene Tischtuch aus Flachs, und lächelnd sagt sie, sie würde wieder eintreten, hier könne man Kultur retten und sie sehe sich als Hüterin des Hauses. Apropos Kultur: Was liest Sr. Dominica gerade? Sie lese Simone de Beauvoir, die Bücher habe eine Frau dagelassen, die eintreten wollte, aber dann doch wieder gegangen ist. Simone de Beauvoir? Die Feministin und Atheistin? »Eine sehr interessante Frau, und wenn sie, die Atheistin, schon tot ist, dann weiß sie jetzt, dass es Gott gibt.« Vielleicht ist da ein bisschen Seelenverwandtschaft zwischen der kleinen Nonne in Müstair und der großen Schriftstellerin in Paris: ein wenig »rebellisch« (wie stark hat sie mir leider nicht verraten) die eine, sehr stark die andere.

Kräuter, Likör und Brennnesseljauche

Ursprünglich entstand der Kreuzgarten als Atrium der Bischofsresidenz um 1035 und war als Ehrenhof der Kirche vorgelagert. Derartige Anlagen nannte man auch Paradies. »Paradies« stammt aus dem Griechischen, und heißt so viel wie »umfriedeter und geschützter Garten«. In der christlichen Mythologie ist es der Garten Eden, in dem Quellen entspringen, in seiner Symbolik ein Ort der Geborgenheit, der Fruchtbarkeit und des Heils. »Und eine Augenweide«, sagt Schwester Lutgarde nicht ohne Selbstbewusstsein, die zum Kräutergarten gekommen ist, wie, nun ja, die Jungfrau zum Kind. »Mir wurde einfach aufgetragen, mich um den Kräutergarten zu kümmern, ich bin ja keine ausgebildete Gärtnerin.« Mit Begeisterung und guter Beobachtungsgabe wuchs sie in ihre Aufgabe hinein – typisch dieses Learning by Doing aus der praktischen Erfahrung heraus hier in St. Johann. Von ihrer Vorgängerin Schwester Clara wurde sie eingeführt. Die war es auch, die ihr viel Freiheit ließ. Im Laufe des Gespräches wird immer offensichtlicher, wie essenziell diese Freiheit für Schwester Lutgarde ist. Sie wirkt mädchenhaft und aufmüpfig, ein wenig Pippi Langstrumpf im Kloster – mit Verlaub. Kompromisse scheinen ihre Sache, selbst bei Pflanzen, nicht. Immerhin: »Der Hirschwurz bleibt. Er blüht einfach schön«.

Der Garten wurde erst 2002 angelegt, wobei die Vorlage des St. Gallener Klostergartens von 820 mit seinen rechteckigen Beeten in eine moderne Formensprache übersetzt wurde. Geistiger Pate stand auch der Kräutergarten in Aachen, der von »De capitulare villis« von Karl dem Großen inspiriert ist. In diesem »Capitulare« findet sich unter vielem anderen eine Aufzählung von 70 Kräutern und Heilkräutern, mit denen damals auch ein Teil des Wissens um die antike Heilkräuterkunde vor dem Vergessen gerettet wurde. Natürlich musste Schwester Lutgarde eine Auswahl treffen, einige Pflanzen bekam sie von Schwester Clara, der Köchin und Gärtnerin, andere wurde neu besorgt und dann waren da noch die Tücken des Klimas, das hier auf 1 200 Metern nicht gerade für paradiesische Bedingungen sorgt. Wieder andere Kräuter wie der Wasserdost und das Schöllkraut erwiesen sich als nicht geeignet für Tees.

Über die Kräuter und Pflanzen spricht sie, öfter lachend, wie über brave oder ungezogene Zöglinge. »Von einigen wusste ich gar nicht, wozu sie gut sind, und schließlich sollte der Kräutergarten auch eine Augenweide sein.« Sie zeigt mir Bilder, sie sind wirklich schön und ich freue mich schon, wenn ich im Frühsommer wiederkommen werde. Meine Streitgespräche mit Bekannten, die behaupteten, Feng-Shui habe in der europäischen Kulturgeschichte nichts Vergleichbares, gehen mir durch den Kopf, denen ich dann immer die über tausendjährige Symbiose von Architektur, Gartenkunst und geistiger Ausrichtung abendländischer Klöster entgegenhalte. Dieses Ineinanderfließen von Harmonie, von Geistigkeit und natürlicher Zweckmäßigkeit findet sich in allen Kulturen und über alle Grenzen hinweg. Es gehört zum großen Schatz des kollektiven Bewusstseins der Menschen.

Der Klostergarten des Kreuzgangs hier in St. Johann ist ein überzeugendes Beispiel, ein *hortus conclusus*, der ohne Zugeständnisse an modische Zeitgeist-Trends auskommt: »Der Garten ist im Herzen des Klosters und symbolisiert auch unser Leben!« Dafür verlangt sie Respekt, wenn sie Kräuterführungen abhält, »wir sind ja nicht im Zoo, wir gehen still durch auf den Kieswegen, schauen, riechen an den Pflanzen«.

Beim Pflücken hat sie Hilfe und mit ihren Arbeitsflächen zum Dörren, oft ein geschicktes Provisorium, ist sie immer wieder am Umziehen, es wird ja immer noch renoviert und umgestaltet im Kloster. An die 500 Teepackungen füllt sie selbst ab im Jahr, die Mischungen tragen poetische Namen wie Regenbogen, Gaumentrost, Abendstern, Frohsinn, Wintersonne, Lenzerwachen (letzteren werde ich mir aufgießen, wenn ich aus dieser Kälte wieder zurück daheim im milden Meran bin).

Auch Kräutersalz stellt Schwester Lutgarde her – die Rezeptur für die Kräutersalzpackungen stammt von ihr. »Man muss wissen, wann wo was blüht!«, sagt sie und erzählt, dass sie auch außerhalb des Klosters den Berg hinauf Heilkräuter und Blüten sammelt. Kann sein, dass der Umgang mit blühenden Pflanzen sich auf Schwester Lutgardes Gemüt abgefärbt hat, sie lacht gern, und man glaubt ihr ohne Vorbehalt, wenn sie strahlend sagt: »Schön, dass ich dies alles machen kann und darf!« Bliebe hinzuzufügen: ohne dass sie dafür eine spezielle Ausbildung genossen hätte. Aber die will Schwester Lutgarde nachholen, demnächst wird sie die Kräuterakademie in der Nähe von St. Gallen besuchen.

Der Küchengarten und der große, mauerumfriedete Gemüsegarten liegen gefroren unter einer Schneedecke. In drei Wochen, Ende März, wird Schwester Benedicta im Glashaus die Gemüsesamen aus biologischem Betreib aussäen. Sechs Wochen bleiben sie dort ohne Heizung (»Sie dürfen ja nicht verwöhnt werden!«), bis die kleine Setzlinge Mitte Mai, »immer nach der kalten Sophie« (die letzte »Eisheilige«), ausgepflanzt werden. Der Gemüsegarten hat die allerhöchsten Weihen biologisch dynamischen Anbaus. Mein Gespräch mit Schwester Benedicta wird eine intensive Vorlesung über natürliche Düngung, Schnee- und Regenwassereinsatz, natürliche Schädlingsbekämpfung mit Schachtelhalm-, Wermut-, Zwiebelschalen- und Brennnesselbrühe, Brennnesseljauche und Meerrettichtee, Raupenablese, über Blatt- und Wurzeltage, den richtigen Zeitpunkt für Pflanzung und Ernte.

Der Garten ist im Herzen des Klosters
und symbolisiert auch unser Leben!

SCHWESTER LUTGARDE, KLOSTER ST. JOHANN

Ich beschließe, im Frühsommer nochmals hierherzukommen, das will ich in natura sehen. Tatsache ist, dass das Gemüse und auch das Obst (Äpfel, Zwetschgen, Johannis- und Stachelbeeren) einen viel kräftigeren Geschmack bekommen. Das Gemüse: viele Kohlarten, Blumenkohl, Broccoli, Federkohl, Blaukraut, Rote Bete, Weißkohl, auch Bohnen, Zuckererbsen, Möhren, Kartoffeln, Blattsalat. Viel von der Ernte wird eingefroren und kommt bei den alljährlichen sehr gut besuchten Fastenkursen auf den Tisch.

Schwester Benedicta, die es aus einem Büro von Hannover hierher verschlagen hat, ist stolz auf ihr Gemüse: »Unser Gemüse hat ein viel intensiveres Aroma als das aus der Nachbarschaft, das wird uns immer wieder bestätigt.« Nochmals: ich werde wiederkommen. Dann werde ich auch Schwester Clara über die Schulter schauen (dürfen), wenn sie ihre Liköre ansetzt. Auf einen bin ich besonders gespannt: den aus den »Petschlas«, den jungen Zapfen der Arve. Vorausgesetzt, sie bekommt genug Schnaps zum Ansetzen. Einen Kilometer von der italienischen Grenze dürfte das nicht so schwer sein. Schließlich setzte sich ja auch der Herr selbst an den Tisch des Zöllners und speiste mit ihm und anderen Sündern. Und die Vergebung würde der Herr auch heute dem Zöllner gewähren.

Der Abschied wird ein Weggehen von etwas fast Vertrautem. Sonderbar: Dabei war ich doch kaum mehr gewesen als ein Herr K., dem nur aus der Ferne zu beobachten vergönnt ist. Es hat zugezogen, die Luft riecht nach Neuschnee. Keine »reine de la chartreuse« mehr auf dem Dach. Ein Schwarm schwarzer Dohlen hat sich mit metallischem Schnalzen dort niedergelassen.

Stift Stams

Der Bienenkorb des heiligen Bernhard

ES SIND DIE JUNGEN, LERNENDEN MENSCHEN, DIE DEM ARCHITEKTONISCHEN IMPONIERGEHABE DER MASSIGEN KLOSTERANLAGE EINEN ERFRISCHENDEN KONTRAPUNKT SETZEN UND DEM WEITLÄUFIGEN ENSEMBLE EINE GANZ BESONDERE AURA GEBEN.

Stift Stams

Bildung mit Tradition

Eine Symphonie in Barock. Getragen und doch verspielt setzen die zwei achtseitigen Kuppeltürme ein triumphales Maestoso. Beschwingt entfaltet sich die Westfassade des großen Baus in warmem Ockergelb und Weiß. Vorgelagert der erstaunlich schlichte Barockgarten mit der Orangerie. Eine zweite Melodie klingt auf mit einem überraschenden Allegro. Aus dunklen Eingängen treten junge Leute, stehen auf dem Vorplatz in Grüppchen rauchend und schwatzend herum. Auf den Rasenrabatten des Gartens sitzen sie zwanglos zusammen, irgendwo erklingt eine Gitarre. Campus-Atmosphäre. Zu Füßen des Stiftes dehnen sich weite Sportflächen, eingesprenkelt darin ein buntes, junges Völkchen im Sportdress. Stams gibt sich sehr jugendlich.

Stams muss nach Kriegsende ein desolates Bild abgegeben haben, die Patres in alle Winde verstreut. Und wie durch ein Wunder wuchs neues Leben aus dem alten Stamm. Mit jungen, lernbegierigen Menschen. Bildung hat Tradition im Stift Stams. Im ehemaligen Kornspeicher unterhalb der beiden Türme ist das Meinhardinum, ein modernes Gymnasium und Aufbaurealgymnasium untergebracht. Der sogenannte Fürstentrakt mit den markanten Türmen beherbergt die Kirchlich Pädagogische Hochschule »Edith Stein« und das Institut für Sozialpädagogik. Etwas abgesetzt befindet sich westlich des Stiftsgeländes das international bekannte und fast schon legendäre Skigymnasium, das sich nach wie vor in der Trägerschaft des Stifts befindet. Es ist eine Internatsschule für junge Schisportler/innen, die ein Oberstufenrealgymnasium und eine Handelsschule als Ausbildungszweige anbietet.

Der Zugang zur »betenden Mitte« (Abt German), dem Stift selbst, führt an der Pforte vorbei durch ein schweres, kunstvoll verziertes Holzportal unmittelbar in den Kreuzgang. Schweigen und ein leichter Geschmack von abgestandener Luft – wie oft in Klöstern. Frater Daniel, der für die Gästebetreuung zuständig ist, führt mich über lange, endlos wirkende Gänge in meine Zelle. Insgeheim merke ich mir ein paar markante Punkte und Bilder an den Wänden: schließlich will ich hier auch wieder herausfinden. Neben der Zelle bekomme ich noch etwas zugewiesen. »Das ist Ihre Stalle«, sagt Frater Daniel und klappt die schmale Sitzbank hoch: mein Platz im Chorgestühl in der Basilika. Hier habe ich zusammen mit den Mönchen die Horen zu singen. Froh sind die Patres um jede Stimme mehr im Chor. Fr. Daniel schlägt im Stundenbuch bereits die richtige Seite für die Mittagshore auf. Bis dahin ist es nicht mehr weit.

Zwischen Gottessuche und Management

Das Treppenhaus zur Prälatur hat etwas Fürstliches. Ein kunstvolles Eisengeländer rahmt die ausladende Treppe, die mit den flachen Stufen schwungvoll nach oben führt, raffiniert ist der seitliche Lichteinfall inszeniert und von der Decke leuchtet in starken Farben und bewegter Komposition das Thema eines Engelskonzertes. Umso mehr überraschen in diesem Prunk und vor dem schönen, spätbarocken Holzportal zu den Abträumen ein Schälchen Wasser, ein Napf mit Katzenfutter und ein Katzenkörbchen. Abt German lächelt, ja, die Schnurrle sei vor Jahren hier eingezogen, treibe sich meistens irgendwo in der weiten Anlage herum und tue, was sie wolle. Wer weiß, warum sich die Katze gerade diesen Platz gewählt hat, jedenfalls beweist sie Kunstsinn und Gespür für Hierarchie. Abt German ist seit zehn Jahren in Amt und Würden, gewählt vom Konvent, der 44. Abt in der langen Geschichte des Stiftes. Jeder Tag hat seine Herausforderung und Abt German empfindet das Haus manchmal als Riesenlast, leidet unter dem Paradox, dass er Manager sein muss und eigentlich das Geistige suchen sollte. Man schmückt sich im konservativen Tirol bei mondänen Ereignissen gern mit kirchlicher Prominenz. Ein Herr Abt verleiht Glanz und Würde. Und befriedigt traditionelles Standesdenken.

Der Satz aus dem Matthäusevangelium (»Was ihr dem geringsten meiner Brüder…«) hat hier genauso sein Gewicht: Menschliche Begegnung ist auch Gottesbegegnung. Dann hat Abt German eine sehr reiche Begegnung. Er kann auf Menschen eingehen, trifft den richtigen Ton.

Ich sehe ihn wieder, wie er auf eine fröhliche Schülergruppe an den Tischen der Orangerie zuging, die gerade – die Burschen bei einem ordentlichen Bier – die erste schriftliche Arbeit der Matura feierte, und wie er ein paar spritzig witzige Sätze platzierte, die alle zum Lachen brachten. Er findet es bei den klostereigenen Schulen und Bildungseinrichtungen besonders wichtig, dass die Menschen sehr ernst genommen werden, vor allem die Jungen, Heranwachsenden in ihrem Suchen, wenn sie dabei sind, ihren eigenen Lebensnerv zu finden. Aus der Schule sind viele menschliche Bindungen entstanden (»Die menschlichen Bindungen sind die stärksten!«), es gibt regelmäßig Einladungen ehemaliger Schüler zu Hochzeiten, Taufen, manchmal mehr, als ihm lieb ist, von den gesellschaftlichen Verpflichtungen gar nicht zu reden, aber wenn's geht, kommt Abt German den Einladungen nach.

Die Zukunft? Da müsste er ein Prophet sein, aber er ist überzeugt, dass welche kommen werden für ein Leben im Gebet. Schließlich sei so ein Kloster doch auch ein Mikrokosmos für die christliche Gesellschaft, wo Menschen im Glauben zusammenleben und wo der Glaube Kraft und Freude gibt. Nie Zweifel? Doch, auch starke manchmal. Das Leben hat immer mehr Fragen als Antworten. Am Ende bleibt die Gewissheit: Sein Platz ist hier.

Wechselhafte Geschichte

Vor dem Altar der Basilika ist eine einfache Grabplatte in den Steinboden eingelassen. Sie erinnert an die Grablege des Gründers Meinhard II. Graf von Tirol und seiner Gattin Elisabeth. Das ist der Moment für einen historischen Exkurs. Stift Stams ist eine gesamttirolische Angelegenheit wie wenig andere seit der Teilung des Landes nach dem Ersten Weltkrieg. Meinhard II. gilt als der Einiger der Grafschaft Tirol, die einmal von Kufstein im Norden bis an den Gardasee im Süden reichte, ein Land der Übergange und der Pässe und ein damals wichtiges Scharnier zwischen Nord und Süd. Meinhard war für mittelalterliche Verhältnisse ein sehr weitblickender Regent, der eine straffe Verwaltung einführte. Jeder seiner »Pfleger« hatte am Ende des Jahres schriftlich über Steuereinnahmen und Ausgaben Rechenschaft abzulegen. Das im Vergleich zu Pergament wesentlich billigere und moderne Papier für die Rechnungsbücher importierte man aus Venedig. Meinhard war ein kühler Rechner und wusste, dass sichere Handelswege und eine stabile Währung Grundvoraussetzungen für Wirtschaft und regelmäßige Steuereinnahmen waren. Anfangs noch ohne kaiserliche Erlaubnis, ließ er in Meran, damals Residenzstadt, jenen berühmten Kreuzer schlagen, der wegen seines Silbergehalts bald über die Grenzen der Grafschaft hinaus beliebt und gefragt war – und der heute noch als Ausdruck im deutschen Sprachraum lebendig ist. Er war so sehr gefragt, dass er in oberitalienischen Stadtstaaten als »Tirolino« nachgeprägt wurde und die Venezianer den Feingehalt des Silbers ihres »Zecchino« seinetwegen nachbessern mussten.

MORS KONRADINI

Meinhard war Real- und Machtpolitiker, der den Bistümern Brixen und Trient, deren Schutzherr er eigentlich sein sollte, konsequent einen Großteil des Territoriums wegnahm. In der Folge wurde immer wieder der Kirchenbann über ihn verhängt, sodass er mehr Jahre seines Lebens im Kirchenbann als außerhalb des Banns verbrachte. Durch die Heirat mit Elisabeth von Bayern, der Witwe des Staufers Konrad IV., bekam er direkten Zugang zum damals mächtigsten Adelsgeschlecht des Deutschen Reiches, den Staufern. Als der Stiefsohn Konradin, der letzte legitime Staufer, sein süditalienisches Erbe antreten wollte und mit einem Heer nach Süden zog, versuchte der realistisch denkende Meinhard ihn von seinem Plan abzubringen, da er vom Scheitern überzeugt war.

Die Geschichte gab ihm recht: Konradin wurde bei Tagliacozzo in den Abruzzen vernichtend geschlagen, gefangen genommen und 1268 auf Befahl Karls von Anjou auf einem Marktplatz in Neapel gerade mal achtzehnjährig enthauptet. Die Nachricht muss für die Mutter entsetzlich gewesen sein und vielleicht liegt in ihrem Schock und Schmerz der entscheidende Impuls für die Gründung des Klosters. In Stams hatte bereits eine Wallfahrtskirche für Johannes den Täufer bestanden, der ja bekanntlich enthauptet worden war. Jedenfalls war die Neugründung auch als zukünftige Begräbnisstätte der Grafen von Tirol vorgesehen. Für Meinhard bildete die Gründung einen willkommenen Anlass, in diesem, ihm relativ neuen Territorium politische Präsenz zu zeigen und gleichzeitig etwas für das eigene Seelenheil zu tun, zumal er im Moment der Gründung gerade wieder einmal im Kirchenbann war.

Für sein Seelenheil zu beten hatten die 13 Mönche und 5 Laienbrüder, die aus dem Zisterzienserkloster Kaisheim in Bayrisch-Schwaben berufen wurden. Von der ursprünglichen Einfachheit zisterzensischer Architektur hat sich so gut wie nichts erhalten, sieht man einmal von dem einen Stück freigelegten Mauerwerks des linken Seitenschiffes der Basilika auf der Kreuzgangseite ab. Stams strotzt in barockem Gepräge und nichts deutet auf bewegte Zeiten mit Brandschatzung und zweimaliger Aufhebung hin.

BLÜTE UND PLÜNDERUNGEN

Bald nach der Gründung wurde Stams mit reichen Schenkungen bedacht und erlebte eine beachtliche Blüte, besonders im 14. und 15. und frühen 16. Jahrhundert. Kaiser Karl IV. vertraute den Stamsern den Reichsreliquienschatz an. König Maximilian ließ sich in Stams fürstliche Räume errichten, wo er 1497 den Gesandten des türkischen Sultans empfing. (Schlichtheit der Zisterzienser?) Die Wissenschaften wurden gepflegt: Stams besitzt als absolutes Unikat einen astronomischen Tisch aus dem Jahr 1428, das früheste Werk dieser Art im deutschen Sprachraum, das auf drei beweglichen Platten die Bewegungen der Planeten und des Mondes darstellt und berechnen lässt. Der Erdglobus von Mercator aus dem Jahr 1541 stellt eines der 14 weltweit bekannten Exemplare dar. In diese Blütezeit platzen 1525 der Bauernkrieg mit Plünderung und die Reformation mit religiöser Unsicherheit. »2 Mönche und der Abt lebten noch im Kloster!«, sagt der Abt. Nicht genug der Prüfungen: 1552 plünderten und verwüsteten die Truppen des Moritz von Sachsen das Kloster, schändeten sogar die Gräber der Tiroler Landesfürsten in der Gruft auf der Suche nach Kleinodien. 1593 zerstörte ein Brand das Stift fast vollständig. In den folgenden hundertfünfzig Jahren entfaltete sich eine Zeit der neuen Blüte, in der Kloster Stams weitgehend sein heutiges, barockes Gesicht und Gepräge erhielt. Der einst schliche Orden wurde opulent. Der Geist der *ecclesia triumphans* der katholischen Gegenreformation feierte seinen Siegeszug, wenngleich die Sehnsucht nach Einfachheit unterschwellig immer weiter pulste. Man wurde nicht Mönch für barocke Pracht.

Man begeisterte sich nicht nur für Architektur, Malerei und Plastik, sondern auch für Musik. Unter Abt Vigilius Kranicher von Kranichsfeld wurde 1778 ein Knabenseminar eingerichtet, in dem Singknaben und Instrumentalisten für den Figuralchor in Stams selbst ausgebildet wurden. (Später wird mir Fr. Martin seine Schätze im Musikarchiv zeigen.) Knapp einer drohenden Aufhebung durch die josefinischen Reformen entgangen, war es die bayrische Regierung, welche 1807 die Aufhebung verfügte. Der kostbare Bücherbestand der umfangreichen Bibliothek und vor allem die mittelalterlichen Handschriften gingen an die Universität Innsbruck. Ein großer Verlust, da nur ein Teil, wie in anderen Klöstern auch, wieder zurückgegeben wurde: »Ein Drittel des mittelalterlichen Handschriftenbestandes der Universität Innsbruck stammt laut Experten aus Stams«, erklärt Abt German.

Die zweite Aufhebung erfolgt 1939 nach dem »Anschluss« Österreichs an NS-Deutschland. Patres und Fratres müssen von einem Tag auf den anderen das Kloster verlassen und zerstreuen sich in aller Winde. In die verlassenen Räumlichkeiten werden Südtiroler Aussiedler einquartiert. Sie hatten nach dem Abkommen zwischen Hitler und Mussolini, das die »Lösung« des Südtirol-Problems durch die Abwanderung ins »Reich« der deutschsprachigen Südtiroler vorsah, mit wenigen Habseligkeiten ihre Heimat verlassen. In Stams mussten sie feststellen, dass von den großmäuligen Versprechen der NS-Propaganda nichts übrig geblieben war als ein Zusammengepferchtsein auf engstem Raum. Irgendjemand aber hatte die geniale Idee, die Tür zum Archiv zu versiegeln, wodurch die wertvollen Dokumente gerettet wurden. Nach Kriegsende zog ein französisches Kontingent von marokkanischen Soldaten ein, das sich alles

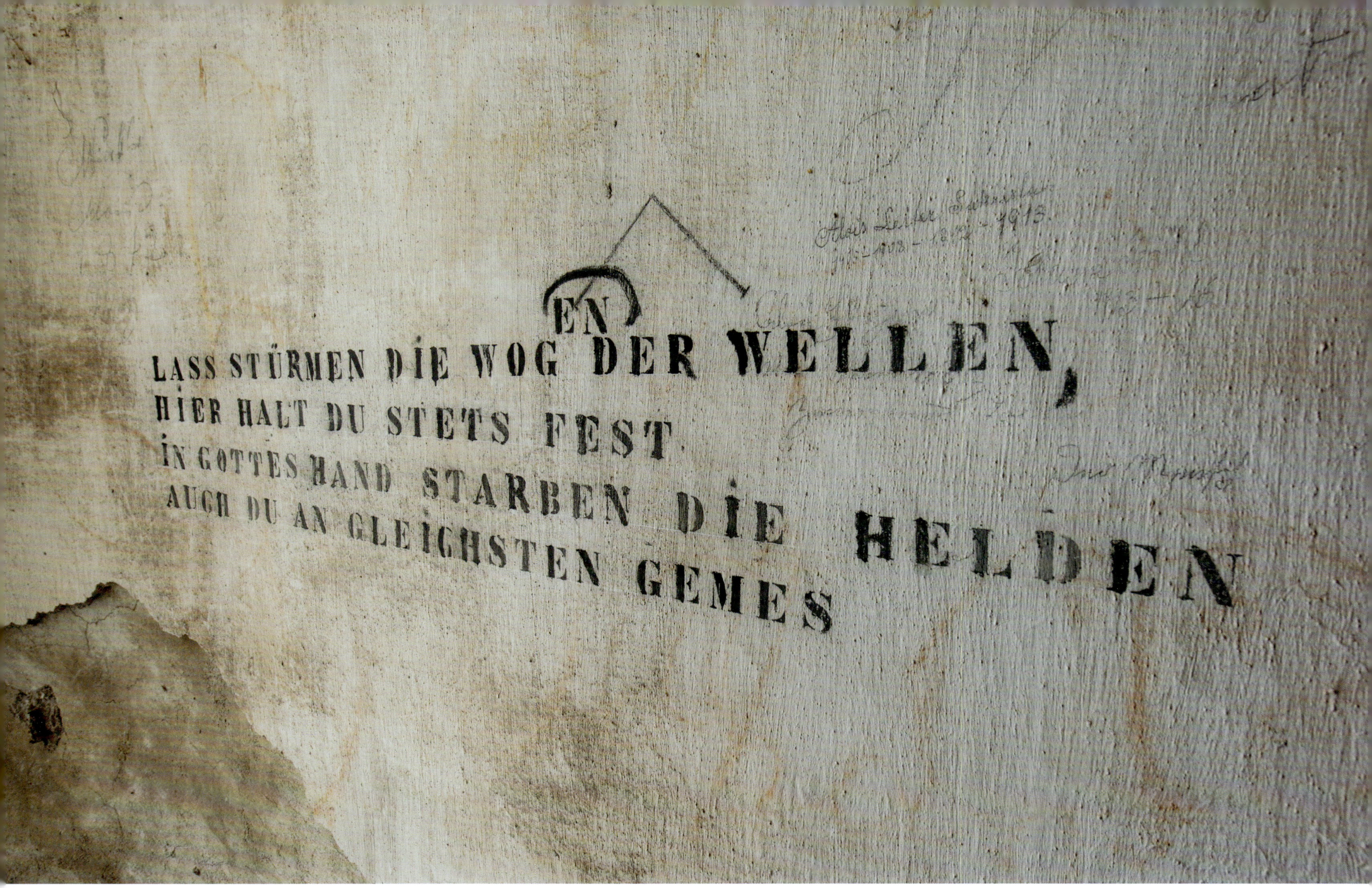

andere als durch respektvolles Verhalten den Klostereinrichtungen gegenüber hervortat. Alle Barockmöbel, vor allem das kostbare Mobiliar des Fürstentrakts wurden abtransportiert und auf die Eisenbahn Richtung Frankreich verladen. »Unser langjähriger Tischler, damals Lehrbub, erzählte, dass man in der Tischlerei nichts anderes getan habe, als Kisten für die Verpackung zu zimmern«, weiß der Abt. »Heute schmückt das Mobiliar wohl ehemals leer geräumte französische Adelssitze.«

Ein Neuanfang erfolgt durch die aus dem slowenischen Kloster Sticna vertriebenen Mönche. Ihr Umgang mit der Stamser Geschichte war ein unbefangener und der mobiliare »Aderlass« bot als Akt der materiellen Entrümpelung auch die Chance einer Rückbesinnung auf zisterziensische Tugenden. Abt German würde es zwar vornehmer formulieren; gefragt nach dem Wesen des Zisterzienserordens aber fällt auch das Wort »Schlichtheit«. Die drei Gründer hätten eigentlich keinen neuen Orden schaffen, sondern der Regel des hl. Benedikt ihre ursprüngliche Bedeutung wiedergeben wollen. 1098 war der Orden der Benediktiner schon gute 500 Jahre alt, war behäbig und opulent geworden. Bernhard von Clairvaux forderte wieder mehr Schlichtheit, nicht endlose Gebete, sondern auch mehr eigenständige Arbeit; Gottesdienst und Gottessuche sollten wieder mehr in den Mittelpunkt treten. Mehr Schlichtheit – gerade hier? »Wir sind oft viel zu viel beschäftigt mit einem Haus aus Steinen, es müsste mehr ums geistliche Haus gehen!« Schließlich ist so ein Kloster doch auch ein Mikrokosmos, in dem Menschen im Glauben zusammenleben. Nie Zweifel? Doch, auch starke manchmal. Das Leben hat immer mehr Fragen als Antworten.

Bruder Franz und das Brot

Die Backstube ist sein Reich. Da braucht es nicht viele Worte, Arbeiten ist Bruder Franz wichtiger als Reden. Dabei hatte er sich, bevor er hierherkam vor 24 Jahren, geschworen, nie wieder zu backen. Doch als er hier eintrat, hatte er gesehen, dass Not am Brot war in Stams.

Eigentlich kann ich es ja, das Backen, ich habe es ja gelernt, dachte er sich. Und unter seiner fachkundigen Anleitung entstand eine neue Backstube im dickbäuchigen Kellergeschoss mit vier traditionellen, rundum mit Steinen ausgekleideten Backöfen. Später wurden sie aus arbeitstechnischen Gründen durch einen professionellen Steinofen ersetzt. Mit dem alten Ofen habe er einfach zu lang gebraucht. Ein wenig schimmert in seinem Tun die Aufgabe des Cellerars, des benediktinischen Kellermeisters, durch, von dem es in der Regel heißt: *Alles, was der Abt ihm zuweist, übernehme er in seine Verantwortung; was er ihm aber verwehrt, maße er sich nicht an. Den Brüdern gebe er das festgesetzte Maß an Speis und Trank. […] In größeren Gemeinschaften gebe man ihm Helfer. Mit ihrer Unterstützung kann er das ihm vertraute Amt mit innerer Ruhe verwalten.* Innere Ruhe, ja die hat Bruder Franz. Und Würde.

Dreimal in der Woche hat Frater Franz seine festen Backtage. Backnächte trifft eher den Kern. Denn gleich nach dem Abendgebet zieht er dann in der Sakristei seine Kutte aus, durchschreitet die langen Gänge, steigt über ausgetretene Stufen hinunter zu seinem Arbeitsplatz. Als Erstes ist der Teig abzurühren, der dann einige Zeit »aufgehen« muss. Das Mehl und den Roggen-, Weizen- und Dinkelschrot bezieht er aus einer Mühle in Innsbruck, die ausschließlich Getreide aus österreichischem Anbau verarbeitet. Dann beginnt er mit dem Backen, oft bis zwei, drei Uhr in der Früh. Wenn's drei wird, müssen seine Mitbrüder bei der Laudes morgens um sechs schon mal ohne ihn auskommen, aber Bruder Franz hat kein Problem damit. In einem Backgang macht er zwischen 60 und hundert Broten, dazu noch Kleingebäck und Süßes. Vieles findet im Klosterladen reißenden Absatz: Klosterbrot besitzt eine besondere Aura.

»Brot braucht man immer, es ist erstes Nahrungsmittel in schlechten Zeiten. Von Brot und Milch kann man leben. Fleisch ist gut, wenn man es hat, aber darauf kann man auch verzichten. Brot ist das Wichtigste im Leben.«

Den großen Respekt vor dem Brot hat Bruder Franz schon als Kind auf dem bäuerlichen Hof in Pitztal verinnerlicht, wo mehrmals im Jahr Brot gebacken wurde und wo die Mutter, bevor sie einen Brotlaib anschnitt, zuvor mit dem Messer drei Kreuzchen an der Unterseite andeutete. Oder das Brot nie mit der Unterseite nach oben liegen ließ: Das wäre respektlos dem Brot gegenüber gewesen. Die große Wertschätzung für das Brot beginnt für Franz schon bei der Arbeit selbst. Am liebsten ist er allein und ungestört, mit den Gedanken bei der Sache, beim Mischen, beim Teig, beim Ofen.

ALLES HAT SEINE ZEIT

Brotbacken sollte ein Kreislauf sein im richtigen Rhythmus. »Wenn ich zum Beispiel den Teig zu kalt mische, geht er nicht auf und ich muss ewig lang warten!« Wenn aber nach gelungener Arbeit das Brot frisch aus dem Ofen daliegt, dann »bin ich froh und zufrieden«. Oft hilft ihm Hans, der Laie, den es nach einem sehr bewegten Leben hierher verschlagen hat; mit ihm versteht er sich bestens und sie sind beide so gut aufeinander eingespielt, dass es zum Arbeiten keine Worte braucht. Sporadisch bekommen sie Besuch in der Nacht. Es sind die zwei Katzen, die auf Mäusejagd gehen. Franz hat sie angeschafft gegen die ungebetenen Nager, die sonst überhandgenommen hätten bei all dem Mehl und dem Brot in der Backstube.

Was er lieber tut, beten oder arbeiten? Bruder Franz lacht: Am liebsten täte er manchmal gar nichts, aber nichts tun und nicht beten wäre auch nichts. Hin und wieder braucht es schon Überwindung: »Aber man wird von der Gemeinschaft getragen!«

Wenn Bruder Franz in seinem weiß-schwarzen Mönchshabit der Zisterzienser im Chorgestühl die Psalmen singt, ist er nicht wiederzuerkennen. Da ist er ganz Mönch. Allein seine vom Arbeiten am Ofen etwas verwuschelte Frisur und vielleicht ein Mehlspritzer auf den Turnschuhen erinnern daran, dass zum Mönchsein auch das *labora*, das Leben aus der Hände Arbeit, gehört. Fünf Jahre hatte Franz mit sich und dem »Herrgott« gerungen, bis er sich für ein Mönchsdasein und die neue Heimat im Kloster entschied: »Da gehöre ich hin!«

Die Kunst der Bienenzucht

Die Bienen summen. Im Obstgarten an der Südostseite brechen gerade die Blüten auf. Alles strahlt unter der Maisonne. Ein Lächeln liegt auf dem Gesicht von Pater Norbert. Er, der Kustos des Stiftsmuseums, gewesener Gymnasiallehrer und erfahrener Kurator von Ausstellungen, ist auf dem Weg zu seinem Lieblingsplatz, zu seinen zwei Bienenhäuschen am Rande der Obstwiesen.

Emsig, aber ohne Hektik geht es zu an den Fluglöchern der Bienenstöcke. »Man muss innerlich ganz ruhig sein, die Bienen merken, wenn man nervös ist.« Penibel aufgeräumt ist es im Innern der Bienenhäuschen, obwohl jetzt im Frühjahr viel zu tun ist. Rahmen sind auszuwechseln, die Brut und vor allem die Weichselzellen, in denen Königinnen heranwachsen, sind regelmäßig zu kontrollieren, ein junges Volk soll eine neue Königin bekommen. Vor allem ist aufzupassen, dass ein Volk nicht ausschwärmt.

Pater Norbert hat sich sehr dafür eingesetzt, dass in unmittelbarer Nähe noch zwei alte, niedere Obstbäume stehen gelassen wurden: »Das sind Flugbäume für Schwärme, da komme ich noch hin; wenn der Schwarm aber weiter fliegt, ist er weg!«

Die Biene ist in Gefahr. Jahrmillionen alte, erfolgreiche Lebenstechniken sind plötzlich bedroht. Ihr natürliches Habitat verarmt. Die »Rasenmanie« grassiert, Blumenwiesen verschwinden und mit ihnen die Vielfalt. Aus maximiertem Gewinnstreben und der Monotonie der Anti-Natur entsteht Armut. Armut an Futterquellen für die Bienen. Ein Spiegel für die Befindlichkeit der Zeit? Vielleicht: Es sind die fleißigen Gemeinschaften, die sich plötzlich einem todbringenden Parasitentum in ihrer Mitte ausgesetzt sehen. Aber es gibt Hoffnung. Starke Gemeinschaften wehren sich über ihren uralten Erfahrungsschatz des hochdifferenzierten Zusammenarbeitens.

Ein Bienenstock steht auf einer Waage: »Bis zu anderthalb Kilo am Tag tragen die jetzt Honig ein!«, sagt er stolz. Seine große Sorge ist die Varroamilbe, ein Parasit, der die Bienen schwächt und die Brut befällt. Vor ein paar Jahren hat er sämtliche Völker durch sie verloren, jetzt besitzt er wieder zwanzig Völker, die er nun hütet wie seinen Augapfel. Zur Bekämpfung der Milbe in der Brutzeit der Bienen setzt Pater Norbert auf eine ganz neue, computergesteuerte, chemiefreie Methode, die mit Hyperthermie arbeitet. Da heißt es aber, ganz fleißig und zeitlich diszipliniert dahinter zu sein. Neben den Bienenhäuschen hat Pater Norbert verschiedene Blumen in Töpfen hingestellt – damit seine Bienen gleich etwas zu naschen haben. Abgeschaut hat er die Kunst der Bienenzucht als Bub von seinem Vater, und wenn er davon erzählt, leuchtet im Gesicht des über Siebzigjährigen immer noch etwas von knabenhafter Begeisterung. Zufall? In der Stiftskirche begegnete ich bei den Szenen aus dem Leben des heiligen Bernhard der Darstellung eines Bienenkorbes. Da geht es aber um Beredsamkeit und nicht um Honig.

Aus alter Tradition

In der Schnapsbrennerei

Zweitausendsiebenhundert Obstbäume stehen im Spalier im Stamser Obstgarten: Äpfel, Birnen, Zwetschgen, Kirschen, Quitten und Marillen (»Aprikosen« sagt keiner in Tirol). Aus den Äpfeln macht Frater Franz zusammen mit Frater Pirmin Saft, Most und Obstler. Den Most gibt es wahlweise als Getränk zum Essen, jetzt im Frühjahr hat er einen leichten »Stich« – das zu äußern verbietet des Besuchers Höflichkeit. Das meiste Obst wird zu Marmeladen und vor allem zu Schnaps verarbeitet. Abends nach der Complet bin ich mit Fr. Pirmin im Keller, lasse mir das Schnapsbrennen erklären. Was auffällt: Man geht hier sehr sorgfältig mit den Früchten um, bemüht sich, sie so schonend wie möglich zu verarbeiten. Und das schmeckt man dann auch. Die kontingentierte, zollfreie Schnapsbrennerei geht noch auf ein Privileg der Regentin Maria Theresia zurück, allerdings müssen Menge, Frucht, Tag und Uhrzeit dem Zoll gemeldet werden: im Kloster schwindle man nicht, heißt es. Das Verkosten quer durch das Angebot wird zu einem Schwelgen in Aromen; auch wenn es immer nur einen halben Fingerbreit im Glase gibt, bin ich am Ende froh, dass ich meine Zelle wiederfinde und ich das Abendgebet hinter mir habe. Denn da hätte ich beim Stehen wohl die »Misericordia« in Anspruch nehmen müssen. »Misericordia«, Mitleid, heißt ein handtellergroßes Minisitzbänkchen auf der Hinterseite der aufgeklappten Sitzfläche in der Stalle im Chorgestühl. Eine kleine Sitzstütze für das verlängerte Rückgrat beim Stehen.

Zum Schneiden der Obstbäume kommen regelmäßig in den Wintermonaten die Bauern von Gratsch, einer ländlichen Siedlung am Fuße des Burghügels von Schloss Tirol bei Meran. Vor zwei Jahren traf ich im Februar einen Gratscher Bauern, der ziemlich abgekämpft aussah und sogar den vormittäglichen Weißen ausschlug. Er sei in Stams beim Baumschneiden gewesen. Wie man danach so zerlegt sein konnte, war mir schleierhaft bei dem bisschen Baumschneiden. Heute verstehe ich ihn: war nach der Arbeit wohl im Keller bei der Schnapsverkostung gewesen.

Schätze über Schätze

Frater Pirmin ist zuständig für die Führungen. Mit ihm bin ich in der Stiftskirche unterwegs. Sie ist ein barockes Gesamtkunstwerk und ein beredtes Zeugnis tirolischer und süddeutscher Architektur- und Handwerkskunst. Von der ehemals spätromanischen basilikalen Anlage sind nur noch Anklänge erhalten. Obwohl das Kirchenschiff eher schmal wirkt, entfaltet es eine beeindruckende und erstaunlich harmonische Wirkung. Manches verdient besondere Aufmerksamkeit wie das Rosengitter der Hl.-Blut-Kapelle, ein Meisterwerk der Schmiedeeisenkunst: keine Rose gleicht der anderen. Vierundachtzig Rosen sollen es einmal geschmückt haben, heute fehlen vier, die wohl als Souvenir den Weg mit den französischen Soldaten nach Frankreich genommen haben – wie Fr. Pirmin vermutet.

Zentrales Thema, neben dem Leben des heiligen Bernhard, ist die Marienverehrung. Die Gewölbebilder der Mittelachse thematisieren in lichten und hellen Farben vier Szenen aus dem Leben Mariens, in die gleichzeitig die vier Jahreszeiten mit einverwoben sind. Die seitlichen Kartuschen und die Gewölbefelder der Seitenaltäre erzählen Ereignisse aus dem Leben des heiligen Bernhard.

Eine davon, die »Milchgabe an den hl. Bernhard«, wirkt – ich sage es einmal mit einem Ausdruck aus fernen Klosterschultagen – unkeusch. Die Madonna spritzt aus ihrer Brust einen Milchstrahl auf den Mund ihres frommen Verehrers. Ich vermeide es, den guten Pirmin genauer danach zu fragen, und konsultiere später einschlägige Literatur. Das Bild sei theologisch zu deuten, Maria sei der »Sitz der Weisheit« und spende ihre Gaben dem heiligen Bernhard. So sei es ursprünglich zu verstehen gewesen, aber der anschauliche Realismus habe sich beim Volk eben weit stärker gehalten. Ein *Schelm, der Böses etc.*

Barockes Welttheater das »Österreichische Grab«, eine in den Kirchboden versenkte Gruftanlage für die Tiroler Landesfürsten, überhöht von einer dramatischen Kreuzigungsgruppe. Schöner Schein nach außen: Die wirkliche Gruft dahinter geplündert, einen Wassereinbruch habe es einmal gegeben und die Knochen seien nicht mehr zuordenbar. Fr. Pirmin zeigt mir einen Beichtstuhl mit feinen, filigranen Intarsien: ein kunstvolles, intimes Kabinett für hingeflüsterte Sünden – Derartiges zu schaffen war nur die katholische Kirche imstande. Was ist da schon eine Psychologencouch im Vergleich. Das Chorgestühl eine schöne, solide Holzschnitzarbeit mit liebevollen Details, wie etwa den Putten, welche die Auflagen für die Gradualen tragen. Ich versuche die Anzahl der »Stallen« im Chorgestühl zu schätzen, es dürften an die sechzig sein. Wie muss das geklungen haben, die Hymnen und Psalmen aus vierzig Mönchskehlen! Klang gewordene Mystik. Jede Stalle hat eine aufklappbare Sitzbank, meine quietschte immer laut und lästig: Die ursprüngliche Bedeutung von »Halt die Klappe!« ging mir da schlagartig auf.

Stams müsste eigentlich den Bienenkorb im Wappen tragen: Erstaunlich, welche und wie viele Kunstwerke hier eine kunstsinnige Mönchsgemeinschaft mit ihren Äbten zusammengetragen hat. Über 4000 Nummern zählt allein der Bestand an Musikalien aus der der zweiten Hälfte des 18. Jahrhunderts, die Frater Martin hütet, darunter auch die weltbekannte Kindersymphonie, die man unter anderem wechselweise Joseph Haydn und Leopold Mozart zugeschrieben hat. Inzwischen ist der Komponist bekannt: Es ist der Benediktiner Pater Edmund Angerer aus dem Tiroler Stift Fiecht. Ob das genial heitere Werk auch im prunkvollen Bernardisaal erklungen ist?

Überraschend schlicht in diesem Barockensemble wirkt die Stiftsbibliothek aus der ersten Hälfte des 17. Jahrhunderts, in der 60000 Buchbände stehen und 379 Inkunabeln aufbewahrt werden. Der Bücherwurm treibt sein Unwesen in den alten Folianten und Fr. Malachias weiß mit gequältem Lächeln, dass noch viel zu tun ist.

P. Norbert ist Kustos der Kunstsammlungen. Überwältigend, was trotz Plünderung und Auflassung erhalten geblieben ist: Kostbares Altargerät, Messkelche, Lavabos, Monstranzen, Pastorale, Kasel und Reliquienkreuze in Gold und Edelstein. Oder die kunstvoll bemalten Schränke der ehemaligen Klosterapotheke mit Gefäßen und sorgfältig beschrifteten Gläsern, etliches davon wiedergefunden in Rumpelkammern. Dazu ein Rezept gefällig? Zubereitung des Habertranks. *Nimm 12 Hände voll weißen Haber, eine gute Handvoll frische wilde Weegwartwurzel, roth Sandal 5 Loth, nitri antimoniaci ein Loth, Brunnenwasser 12 Maß. Siede alles miteinander bis auf*

den halben Theil, laß etlichmal durch ein Tuch lauffen, versüße es mit weißen Zucker und setze es im Keller wohl zugedeckt, so ist dieses Getränk zum Trinken fertig. Ein Allheilmittel, dieser Hafertrank, gegen Kopfschmerzen, Verstopfung, Augenschwäche, Zahn- und Ohrenschmerzen und andere Gebrechen mehr.

Da sind Räume mit prunkvollen Kassettendecken, die P. Norbert entdeckt hat, andere vollgepackt mit Bildern und Bozzettos namhafter Künstler. Die Wände der Gänge vollbehangen mit Gemälden. Bilder über Bilder. Ein unscheinbarer Schrank hortet 183 originale Kupferstiche von Albrecht Dürer – die größte Sammlung nach der Albertina in Wien. Es ist schon ein erhebendes Gefühl, einem Dürer-Original zu begegnen. Ich blicke auf »Das große Glück« mit der Darstellung von Klausen und dem Säbener Berg: Was Sr. Ancilla wohl gerade macht? P. Norbert wirkt leicht resigniert: Ein neuer Ausstellungsparcours wäre umzusetzen, aber mit sechsundsiebzig fehlen allmählich die Kräfte. Jetzt verstehe ich umso mehr, warum er draußen bei seinen Bienen so entspannt und glücklich war.

Was ich aus Stams mitnehme: den Nachklang des »Salve Regina«, den Gruß an die Himmelskönigin, gesungen nach dem Abendgebet von zwölf Mönchen im dämmrigen Halbdunkel der Basilika.

Wohl dem Menschen, der Weisheit erlangt,
und dem Menschen, der Einsicht gewinnt!

SPRÜCHE KAPITEL 3, VERS 13

Karthaus/Allerengelberg

Annäherung an das Schweigen

KARTHAUS LIEGT IM SÜDTIROLERISCHEN SCHNALSTAL AUF 1.323 METERN MEERESHÖHE. DAS DORF IST AUS DEM EHEMALIGEN KARTÄUSERKLOSTER ALLERENGELBERG HERVORGEGANGEN. LOCUS HORRORIS, ORT DES SCHRECKENS, HEISST DER PLATZ IN DER CHRONIK. AN EINEM ORT DES SCHWEIGENS UND DER EINSAMKEIT WOLLTE MAN GOTT SUCHEN UND FINDEN.

Karthaus/Allerengelberg

Auf verbotenem Steig

Nichts erzählt der Asphalt den Füßen, die ihn berühren; alte Wege aber reden mit dem Gehenden, helfen ihm, das Tagesgeschwätz abzustreifen wie abgetragene Kleider. Der alte Weg nimmt einen auf. Draußen im Haupttal im kleinen Ort Staben, fünf Häuser und eine Kirche, eingeklemmt zwischen Berg und Fluss. Versteckt, zwischen Häuser hindurch nimmt der Weg einen bei der Hand, führt mit grobem Steinpflaster hinauf in die versengte Steppe des Sonnenberges. Der Duft von wildem Thymian in der Luft. Die Zivilisationsgeräusche werden dünner. Wie viele sind diesen Weg gegangen? Ist der Mann vom Similaun vor mehr als 3 600 Jahren ihn gegangen, als er in die Einsamkeit des Hochgebirges flüchtete, wo der Mörder trotzdem auf ihn lauerte?

Elementar die Landschaft in ihren Gegensätzen: hie dürftige Steppe, dort üppiges Leben, wo Wasser fließt. Plötzlich Reben und drüber ein Schloss. Hier sitzt einer, der das Schweigen kennt, es erfahren hat auf allen Achttausendern der Welt, in Wüsten und Eiswüsten, für »ein Leben in Herausforderung, Wagnis und Prüfung«: Genau so steht es auch in den Statuten der Kartäuser. Beide haben sie es gemeinsam, denkt man im Gehen, Reinhold Messner und die Kartäusermönche, dieses Vordringen bis an die Grenzen und das Grenzüberschreiten, hin zu Gott die einen, zur extremen Selbsterfahrung der andere.

Die Vegetation wird üppiger, hier fließt Wasser aus dem Waal, dem Bewässerungsgraben, der aus dem Schnalstal kommt. Unter unsäglichen Mühen hatten die Menschen diese Waale durch ein unwirtliches Gelände gezogen, Felswände und Murstriche querend, drüben auf den Felswänden der anderen Talseite gerade noch erkennbar die Holzrinnen des alten Wasserlaufes. Bis in die Fünfzigerjahre des vorigen Jahrhunderts wurde dieser Waal gehütet von einem Mann, zweimal ging er ihn ab am Tag unter Lebensgefahr, allein im Schweigen und mit dem Glucksen des Wassers in den Rinnen, die Stille zerrissen oft von plötzlichem Steinschlag. »Verbotener Steig« hieß der Weg noch vor hundert Jahren und so benannt beileibe nicht von den Menschen draußen, sondern von den Bewohnern des Tales selbst. Sie wussten, wovon sie sprachen, von ihrem Weg in die Welt, der sich bei plötzlichen Sommergewittern in heftige, alles mitreißende Schlamm- und Steinlawinen verwandelte. Dann mussten die Bauern zur Schadstelle eilen, um den Waal, nicht selten unter Lebensgefahr, wiederherzustellen.

Stille suchen

Der schweifende Blick erfasst die Bauernhöfe an den steilen Hängen, dunkle Kuben aus wind- und wettergebräuntem Holz mit Schindeldach, abweisend und in sich verschlossene »Gefäße des Schweigens«. Ja, Schweigen war auf den Höfen Notwendigkeit bei der Arbeit, um keine überflüssige Atmungsenergie zu verschwenden, Schweigen war Gebot beim Essen, Sprachlosigkeit war steter Begleiter auf den Einödhöfen. Dann tut der Blick sich auf, offene Wiesen und dahinter eine Umfassungsmauer mit ein paar Zinnen. Eine Handvoll Häuser, ein spitzer Kirchturm. Wir sind da am einstigen Ort des Schweigens. Allerengelberg, die Kartause.

Die Klosterpforte zeigt solide spätgotische Steinmetzarbeit und bei genauerem Hinsehen einen letzten Rest von Bemalung. Der überdachte Gang führt auf einen Platz, dessen Längsseite vom einstigen Priorats-Gebäude eingenommen wird, jetzt Gasthaus und Restaurant mit Veranda. Links abbiegend geht es zum Kern der ehemaligen Klosteranlage. Massige Eckquadern am Haus linker Hand zeugen von früherer repräsentativer Funktion. Der Kreuzgang ist in den Hang hineingebaut, ein kleiner Kräutergarten zeugt vom gut gemeinten Willen, etwas Kartäuser-Seele in die funktionslose Leere des einstigen Klostergartens und Friedhofs zu bringen.

Auf der Talseite ist nur noch ein Rest von Kreuzgang erhalten, zehn Meter schlichtes Kreuzgratgewölbe, Steinportale, dreipassgeformte, steingefasste Fensteröffnungen. Im abbröckelnden Mörtel viele Schichten, auffallend wenig Kalk, die untersten lehmig: Immer wieder gingen Briefe an das Gubernium nach Innsbruck mit dem Hinweis auf die Baufälligkeit der Anlagen und der Bitte um finanzielle Unterstützung. Kein Wunder, weil Kalkstein fehlt in Schnals, musste als Mörtel der wenig haltbare Lehm verwendet werden, Kalk für die Kirche und das Verwaltungsgebäude wurde mit großer Mühe auf Lasttieren hereingesäumt. Ein Teil des südseitigen und der gesamte bergseitige Kreuzgang haben sich erhalten, wie eine Bogensehne spannt sich der steingedeckte Boden auf der Bergseite, erst auf- und dann absteigend, und das einfallende Licht durch Fenster- und Türöffnungen zur Klostergartenseite hin gibt dem Ganzen etwas Schwebendes, Mystisches. Schlicht die steingefassten Türen zu den einstigen Einsiedlerhäuschen. In Brusthöhe mehrmals Holztürchen, die sich öffnen lassen: alte, ausfasernde Holzverkleidung, das untere Brett mehr abgetragen; die Öffnung geht ums Eck. Hier wurde dem Mönch in seinem Häuschen das Essen hineingeschoben, das er, ohne den Empfänger zu sehen und ohne der Versuchung zu sprechen erliegen zu müssen, entgegennehmen konnte. Nur am Sonntag aßen die Mönche gemeinsam.

> Es herrsche größte Stille. Kein Flüstern und
> kein Laut sei zu hören, nur die Stimme des Lesers.
>
> REGEL DES HL. BENEDIKT, KAPITEL 38, VERS 5

In der zeitlosen Stimmung dieses Kreuzgangs Gelesenes aufrufend, zieht man Tangenten an ein fremdes Leben. Unmöglich, an den Mittelpunkt vorzudringen. Ein Leben in der Entfernung aus der Welt und der Annäherung an Gott durch das Gebet. Im Schweigen. Die Wüste, die Einöde, der Locus horris an einem menschenleeren Ort sind also Grundvoraussetzungen für die Begegnung mit Gott. Das Leben in der Zelle ist streng gegliedert, kein Müßiggang, sondern schweigende Betrachtung und Gebet, Psalmensingen, Lesen, Schreiben, körperliche Arbeit, Buchbinden vor allem. Und dann ist da immer noch das kleine, mauerumfriedete Gärtchen, das der Mönch pflegte und in dem er vielleicht die duftenden Kartäusernelken zog. Jede Zelle war ein in sich geschlossenes, isoliertes Häuschen, das einen Wohnraum besaß, an den die Schlafkammer anschloss, in der das »Bett« stand, das aus nichts anderem bestand als einem roh gezimmerten Sarg; dann waren da noch eine kleine Werkstatt und ein Gang zum Auf-und-ab-gehen. Davor das schon erwähnte Gärtchen in der Größe von 20 mal 30 Metern, das mit Frischwasser versorgt wurde. Gleich nach oder noch während der Gründung war eine kilometerlange Wasserführung aus dem Penauntal gebaut worden, die das notwendige Wasser – die Quelle oben am Hang schüttete zu wenig aus – an das Kloster heranführte.

Fremde Zellen zu betreten war dem Mönch untersagt. Das Essen, das ihm aus der »Paterkuchl«, der Klosterküche – umgebaut steht sie heute noch –, gebracht und durch die Durchreiche ums Eck geschoben wurde, nahm er allein in der Zelle ein. Einmal in der Woche hatte der Mönch Ausgang innerhalb enger Grenzen, allein und ohne Menschen zu begegnen, in Bauernhäuser einzutreten war

ihm untersagt. Hartnäckig halten sich in der Bevölkerung Erzählungen von Mönchen, die sich in Liebesbeziehungen verstrickten; wenn daran etwas Wahres ist, dann muss es für die Beteiligten die Hölle gewesen sein – an einem Ort, der sich »Berg aller Engel« nannte.

Losgelöst wie das Leben von der Welt ist auch die Zeiteinteilung vom natürlichen Wechsel zwischen Tag- und Nacht. Man versucht sich das zu vergegenwärtigen: Der Mönch hat von 18 Uhr ab ein paar Stunden vorgeschlafen; gegen 23 Uhr beginnt sein Tagesablauf, erst vertieft er sich in der Zelle zum Gebet, bis ihn um Mitternacht die Glocke in die Kirche zum zweistündigen Gottesdienst ruft. Danach begibt er sich wieder in die Zelle bis 6 Uhr, worauf die religiösen Handlungen aufs Neue beginnen. Den Rest des Vormittages verbringt der Mönch mit Studium und manueller Tätigkeit. Die einzige Hauptmahlzeit am Tag um elf ist reichhaltig, Fleisch ist untersagt, Fisch erlaubt, »Fastenspeisen« sowieso. In Maßen darf auch Wein getrunken werden. Um 14:45 Uhr beginnen wieder die Psalmengesänge – hörte der Mönch den singenden Mitbruder jenseits der Mauern? – und die Gebete, an die sich die Vesper in der Kirche anschließt.

Bevor sich der Kartäusertag um 18 Uhr zu Ende neigt, wird nochmals eine kleine Stärkung durch das Schubloch geschoben. Es folgt die Komplet, das Abendgebet mit Psalmen: »Herr, lass dein Angesicht über uns leuchten! Du legst mir größere Freude ins Herz, als andere haben bei Korn und Wein in Fülle. In Frieden leg ich mich nieder und schlafe ein; denn du allein, Herr, lässt mich sorglos ruhen.« Ein Ruhen für fünf Stunden, bis zum neuen »Tag« um 23 Uhr.

Non sporcare i muri.
libro apposito.
Nicht die Wände beschmutz
Eigenes Buch.

Ein Pferd für den Schaffer

Die Kartause Schnals ist eine Gründung von Heinrich, Grafe von Tirol, der eine ziemlich unglückliche Hand im Regieren und eine Neigung zu Verschwendung hatte. Das Gründungsprivileg stellt er 1326 aus, über Motive kann nur spekuliert werden. Vorbild für die Neugründung ist das Kartäuserkloster Mauerbach bei Wien, von dort kommen auch die ersten Mönche. Heinrich stattet das Kloster mit Höfen im Schnalstal und Weingütern im Vinschgau und im Etschtal aus. Nichts veranschaulicht die logistischen Schwierigkeiten beim Bau mehr als ein 40-tägiger Ablass, den der Bischof von Brixen all denen gewährt, die Steine, Holz und anders Baumaterial nach Allerengelberg bringen. Die ursprünglichen Häuschen für die 12 Mönche, es waren nie mehr in der Geschichte, waren wohl aus Holz. Im Laufe der Jahrhunderte ist immer wieder von Umbauten beziehungsweise von Bauerhaltung die Rede und wie ein roter Faden ziehen sich die Klagen der Prioren über die schlechte Bausubstanz durch die Chronik.

STEUERLAST UND FRONDIENSTE

Durch Schenkungen schwingt sich das Kloster im Laufe eines Jahrhunderts zum größten Grundbesitzer des Schnalstales auf, die Steuerlast für die Bevölkerung steigt an, es gibt eine Fülle davon: Küchensteuer, Leibsteuer, Brot-, Hühner- und Fleischabgaben, Schmalzzins, Milchsteuer, Fleischzins, Heu- und Strohabgaben, Schaltjahrzins, ein Exot unter den Steuern, ist das »Sterberind«, das sich der klösterliche Verwalter nach den Tod eines Bauern aus dem Stall holte; als die Abgabe auch auf den Tod der Bäuerin ausgedehnt wurde, gab es wütenden Protest unter der Bevölkerung. Zu den Steuern kamen Frondienste, meist in Form von Fuhr- und Transportdiensten. Die Verwaltung lagerte auf den Schultern des Prokurators, des Schaffers, der 1422 vom Ordensgeneral in der Grand Chartreuse die Erlaubnis bekommt, für seine Wege innerhalb des Besitzstandes ein Pferd zu benützen.

Die mönchische Regel untersagt den Fleischverzehr, Fisch ist erlaubt. Seit der Gründung besaß das Kloster Fischereirechte auf dem Haider See und in der gesamten Etsch bis zur Töll im Vinschgau: ein Grund für nicht enden wollende Streitereien, zumal in klösterlichen Gewässern Adel und gemeine Leut sich wenig scherten um klösterliche Rechte und frischfröhlich drauflosfischten mit Reusen und Rechen. Schließlich legte man in Karthaus bergseitig einen Fischweiher an, um den Fischbedarf einigermaßen zu decken.

Das Verhältnis zur umliegenden Bevölkerung war so gespannt, dass man sogenannte Versöhnungstage einführte, Festtage, an denen die Bevölkerung auf Klosterkosten mit Speis und Trank – Ochs am Spieß und Wein – verköstigt wurde. Trotzdem stieg der Unmut, der sich 1525 im Bauernaufstand entlud, bei dem die aufgebrachte Menge das Kloster anzündete und die grundherrschaftlichen Dokumente vernichtete. Zu den Spannungen mag vielleicht auch die Tatsache beigetragen haben, dass die Prioren oft landesfremd von sehr weit herkamen, sogar aus Polen, Schlesien, Preußen.

VERFALL DER SITTEN

Allerengelberg besaß Häuser in Meran, Glurns, Gries, Innsbruck und Hall, und als der Gojenhof in Marling 1619 als Weinhof gekauft wurde, ließ Prior Michael Baych dort ein kleines Herrenhaus errichten, das er nur allzu gern aufsuchte. Die letzten Prioren glänzten nicht gerade mit einem Leben in Spiritualität, Prior Gabriel Froschauer trat nach seiner Abberufung aus dem Orden aus, Prälat Maurisberg, ein Günstling Maria Theresias, lebte in Meran und verbrachte mehr Zeit am Spieltisch als im Kloster. Ein wenig Tratsch: Kartäusermönche hätten sich, wenn sie nach Meran oder Marling kamen, zu »unstatthafter Zeit« bei den Klosterfrauen Im Kloster Steinach in Algund aufgehalten, beschwichtigend hieß es dann, sie hätten nur platonischen Austausch betrieben und realiter ihre selbst gezüchteten Kartäusernelken mit den Heiligenbildchen der frommen Frauen getauscht. Beschämt sei, wer schlecht darüber denkt. Der letzte Prior Ambrosius von Winkler wollte noch einmal zurück zu alter Ordnung und zum religiösen Auftrag. Es war zu spät. 1782 wurde Allerengelberg durch ein kaiserliches Edikt aufgehoben. Ein radikaler Einschnitt für die elf Mönche: Traumatisiert legten sie ihren weißen Habit ab und suchten in der Nähe ihrer Familien eine bescheidene, zurückgezogene Bleibe.

VOM KLOSTER ZUM DORF

Ein Verwalter wurde eingesetzt, erste Verkäufe begannen, der Bibliotheksbestand sollte an die Universitätsbibliothek Innsbruck und kam nur in Teilen da an. Ein Graf Castruccio meldet sich, ist bereit, für die ganze Anlage mit ihren Liegenschaften 13 000 Gulden zu zahlen – ohne sie jemals gesehen zu haben. Nach der Überweisung der ersten Rate lässt er sich in der Tragsänfte in sein neues Besitztum bringen. Und fällt aus allen Wolken. Nach knapp vier Wochen reist er Hals über Kopf und mit ein paar alten Messbüchern ab und überlässt Kloster und Anzahlung ihrem Schicksal, ohne je wieder etwas von sich hören zu lassen. Wenig später wurde die Kartause von den Grafen Hendl erworben, versteigert und kleinweise filetiert. Als neue Besitzer zogen Kleinhäusler und Handwerker ein, bauten die Mönchhäuschen und die Prioratsgebäude um. Aus dem Kloster wurde allmählich ein Dorf.

Fastenspeise

Zum Klosterkomplex gehörten immer schon ein Dienstbotenbereich, eine Landwirtschaft und ein Gastbetrieb. Zur Zeit der Aufhebung werden neben Kühen, Ochsen und Pferden auch 36 Ziegen genannt. Das Wirtshaus war immer sehr gut besucht zum Leidwesen der schweigsamen Mönche. Da sitze ich in der ehemaligen Wirtsstube beim Rosenwirt, heute »Goldene Rose« bei den »Außermaurern« – so heißen sie immer noch, die außerhalb der ehemaligen Klostermauern wohnen – und spreche mit Rosa Grüner. Als junge Lehrerin war sie 1948 zu Fuß in das gottverlassene Nest gekommen, von Heimweh geplagt und geängstigt von der Wildheit des Ortes. Und dann die sonderbare Aura des Ortes: »Der kam mir sehr klösterlich vor und gewundert habe ich mich, dass da Leute drin wohnen in den Zellen.«

Das Aufwachen nach der ersten Nacht ist Staunen. »In der Früh, wie ich zum Fenster hinausschaue, höre ich ein Bockhornblasen und sehe den Geißhirten, und wie er bläst, kommen die Ziegen von überall heraus, aus allen Türen und vom Kreuzgang, bei einem Haus sogar aus der Haustüre. Die Geißen versammelten sich im Hof, der ganze Hof war voll und mit ihnen zog der Hirt hinein ins Penaun«. Verköstigt wurde der Geißhirt wohl wie anderswo auch reihum von den Ziegenbesitzern, die dann erfuhren, dass sie an der Reihe waren, wenn ihnen der Hirt seinen Löffel am Abend vor die Türe – hier in Karthaus im Kreuzgang ins Schubloch – legte. So herausgeputzt der Ort heute erscheinen mag, so schwingt nach wie vor als Grundmelodie ein Ostinato des Schreckens *(Locus horroris)* mit: »Im Sommer bei einem Gewitter poltern drüben in den Bergabbrüchen ununterbrochen die Steine zu Tal, mal große, mal kleine, ohne aufzuhören, Angst hat man nicht, da ist ja der Bach dazwischen, aber unheimlich ist es schon anzuhören.«

DAS TAL DER TAUSEND SCHAFE

Fleischlos war die Küche der Mönche und viel wurde gefastet. Nach wie vor gibt es in Schnals die Fastenküche und fleischlose Gerichte. Das bekannteste davon sind die Schnalser Nudeln. »Wir haben noch eine Nudelpresse stehen im Haus. Den Teig hat man mit Roggenmehl und »Spress« (Quark) gemacht, ohne Eier, ganz fest, den hätte man nie austreiben können; der Teig wurde durch die Nudelpresse gepresst, unten fielen die Nudeln in eine Wanne. Dann gab man sie roh in eine Pfanne mit viel geschmolzener Butter und röstete sie so lange, bis sie gar waren. Das war ein Essen bei schwerer Arbeit, wie beim Korn- oder Heutragen.

Fleisch? »Schöpsenes«, Schaffleisch wurde viel gegessen. Schnals war das Tal der tausend Schafe, ist es zum Teil heute noch. Jedes Jahr im Juni sammeln sich in Vernagt und in Kurzras zwei-, dreitausend Schafe, ziehen um vier Uhr morgens noch in der Dunkelheit los, die steilen Hänge zum Joch auf fast dreitausend Meter hinauf, ein endloses, wiegendes Wollband, eine Rhapsodie aus Blöken, heiserem Hundegebell, Schellenschlag und Pfiffen der Hirten; auf dem Joch wird kurz gerastet, um dann über den Gletscher hinaus die Sommerweiden im Ötztal zu erreichen. Nach der Rückkehr im Herbst ist die Zeit der Schafschur.

»Da bleibe ich nicht!«, hatte Rosa, die junge Lehrerin ihrem Direktor draußen gesagt. Es kam anders. Sie verliebte sich in den Sohn vom Engelwirt und sie blieb. »Mein Mann hat mir einmal gesagt, musst mich schon sehr gern gehabt haben, dass du es an so einem Ort ausgehalten hast.« Große Liebe am einstigen »Ort des Schreckens«.

DER WEG IN DIE WELT

Zwei Künstler sind in Karthaus allgegenwärtig mit ihren Werken. Ihre Schöpferkraft erwuchs ihnen aus der Wortlosigkeit ihrer Kindheit. Sie sublimierten dieses Fehlen der Worte durch formende Kunst. Voller Erzählfreude die Werke des einen, in sich ruhend mit dem Blick nach innen die des anderen. Martin Rainer wurde 1923 in Vernagt im Schnalstal geboren, lernte als Kind Schnitzen beim Hüten der Tiere, verdingte sich als Bauernknecht auf verschiedenen Höfen. Nach der Heimkehr aus Krieg und Gefangenschaft verließ er die archaische Welt der Bauern, besuchte die Kunstschule in Gröden, um anschließend völlig mittellos an der Akademie der Bildenden Künste in München zu studieren. Rainers Bronzeplastiken sind ausdrucksstarke Werke mit dem Blick aufs Wesentliche, manchmal schwingen die Bilder der Kindheit mit den Tieren in naiv elementarer Erzählfreude mit. Mehr als ein Dutzend Grabkreuze auf dem kleinen Karthauser Friedhof stammen aus seiner Hand. Rainer starb im August 2012.

Der Landsmann Friedrich Gurschler hat fast dieselbe Biografie, als Kind hütete er sommerlang die Schafe, lernte schnitzen; auch er verdingte sich als Bauernknecht, um die paar Lire beiseitezulegen für ein Kunststudium in Gröden und ein Akademiestudium in Nürnberg. An der dortigen Akademie wurde er anfangs bestaunt und belächelt wie ein letzter Mohikaner, Friedrich Gurschler ging unbeirrbar seinen Weg. Auch in seinem Werk lebt die archaische Welt seiner Kindheit; seine »Schnalser Krippen« sind groß angelegte Erzählungen mit Hunderten von bemalten und geschnitzten Figuren, Schafen vor allem. Beide, Rainer und Gurschler, sind sie Künstler, die aus der Stille ihre Kraft schöpfen, die als Kinder monatelang allein waren mit ihren Tieren und in der Abwesenheit von Worten anfingen, ihre Welt künstlerisch nachzuformen. Stille ist Kraft.

Hospiz am Großen St. Bernhard

Christus in jedem Gast

AUF FAST 2 500 METER SEEHÖHE UND IM WINTER NUR MIT SCHNEESCHUHEN ODER SKIERN ERREICHBAR, LIEGT DAS HOSPIZ: BEHERBERGUNG VON MENSCHEN IST DIE FUNDAMENTALE AUFGABE DER AUGUSTINER CHORHERREN VOM GROSSEN ST. BERNHARD.

Hospiz am Großen St. Bernhard

Menschenwärme in kalter Höhe

Der Aufstieg erfolgt im Nebel. Der Bruchharsch knirscht unter den Schneeschuhen. Manchmal mustert Guillaume, der Bergführer, mit kritischem Blick die seitlichen Schneehänge. Viel Schnee hängt da noch oben, der als Lawinen herunterkommen könnte. Aber heute ist ein guter Tag, nicht zu warm und der Schnee noch fest. Wir, der Fotograf, und ich, folgen der Spur der Skitourengänger und sind froh, einen Bergführer dabeizuhaben, hier alleine ohne Ortskenntnisse im diffusen Licht den Weg zu finden wäre ein ziemlich abenteuerliches Unterfangen. Zwei Tourengänger, die sich kurz verstiegen hatten, folgen nun unserer Spur. Die einzige Beschilderung, die wir antreffen, ragt mit dem Hinweisschild gerade mal auf Fußhöhe aus dem Schnee.

Irgendwann schälen sich aus der milchigen Brühe die Umrisse einer kleinen Schutzhütte. Groß auf der Wand das SOS-Zeichen und das Logo des Hospizes. Die Hütte ist mit einer Schlafstelle, einem kleinen Holzherd, Brennholz und einem Telefon ausgestattet. Sie bietet den Aufsteigenden Schutz bei Schlechtwettereinbruch und gleichzeitig die Möglichkeit, sich oben im Hospiz anzumelden. Wir queren die klobigen Schneebrocken einer abgegangenen Lawine, Guillaume zeigt nach oben zum großen Wächtenabbbruch: Die ist runter, da kommt nichts mehr! Allmählich dämmert mir, wie wichtig das Hospiz da oben für Reisende und Pilger in früheren Zeiten gewesen sein muss. Als ob Guillaume meine Gedanken gelesen hätte, dreht er sich um zu uns: »Hier sind wir *dans la combe des morts*, in der Senke der Toten. Und der hohe Berg da links heißt *Grand Mont Mort*, der Große Totenberg.«

Ein steiler Anstieg und plötzlich reißt der Nebel kurz auf. Vor uns steht das massige Ensemble des Hospizes. Atemberaubend schön leuchtet die Bergkette im Hintergrund mit dem spitzen Pan du Sucre auf, bis sich der Nebelvorhang bald wieder schließt. Unmengen von Schnee liegen da, ein altersgraues Gebäude schaut nur mit dem Steindach aus den Verwehungen. Die Schneehöhe liegt an der Oberkante des Eingangs und wir stapfen über die Schneestufen hinunter zur Eingangstür. Auf dem Weg zum Schuh- und Skidepot lese ich über einer Tür den Spruch, offensichtlich das Motto der Hausherren: *Ibi Christus adoratur et pascitur*: Hier wird Christus angebetet und genährt. Genährt? Aus der Küche duftet es verführerisch nach ofenwarmem Brot und ein schneller Blick erhascht einen Tisch voller Brotlaibe. Wunderbarer Duft von Häuslichkeit in dieser Schneewüste hier oben zieht in die Nase.

Raphael, der Seelenfischer

Es ist Mittagszeit. Im Aufenthaltsraum stellt uns die hübsche Corinne – aus der Elfenbeinküste, wie wir später erfahren – mit einem umwerfenden Lächeln eine Kanne Tee hin. Aus den hinteren Räumen der Küche klingt ein kurzer mönchischer Choral, der in einem fröhlichen Halleluja endet. Die Mittagshore offensichtlich. »Hat man Sie gut bewirtet?«, begrüßt uns Chorherr Raphael. Ein freundliches, offenes Gesicht, gern zum Lachen aufgelegt, mit einem Hauch von Melancholie (vielleicht?) und mit einer leisen, entfernten Ähnlichkeit mit Charles Aznavour. Ein Menschenfischer, dem man anmerkt, dass er hier oben glücklich ist.

Der aber auch weiß, welch große Bedeutung eine einfache Geste haben kann: Als er im engen, schmucklosen Empfangszimmer mit einem Tisch und zwei Stühlen vor dem Gespräch eine Kerze anzündet, herrscht sofort eine ganz andere Atmosphäre. Was ist das Geheimnis, der Sinn eines Chorherrndaseins hier oben? Raphael lacht: »Haben wir Geheimnisse?«, wird dann sofort ernst, »Es ist die Berufung, man kann es nicht probieren auf Zeit!« Seine Lebensgeschichte scheint einfach. Er wurde in einer Pfarrei auf Walliser Seite geboren, die von einem Chorherrn als Pfarrer betreut wurde; ein Jahr war er Ministrant und mit 19 Jahren fühlte er »den Ruf des Herrn«, trat mit 22 Jahren ins Seminar ein, wurde Priester, war drei Jahre Vikar in einer kleinen Pfarrei, unterrichtete 12 Jahre lang an der 1953 von den Chorherren gegründeten Landwirtschaftsschule in Aosta, war mehrere Jahre Pfarrer in Martigny und ist seit anderthalb Jahren Priester im Hospiz. »Wir sind zu dritt, zwei Priester, der Probst und ich und der Diakon Frédéric. Und eine Oblatin, eine Frau mit einfachem Ordensversprechen. Die Regel des Augustinus verlangt ja die Vereinigung der Herzen, um Gott zu suchen und alles in Gemeinschaft zu teilen.«

GASTFREUNDSCHAFT IN CHRISTI NAMEN

Dazu kommt speziell die Gastfreundschaft: »Ich sehe in jedem Gesicht eines Gastes, der kommt, das Gesicht von Christus. Denn es steht ja im Evangelium: ›Alles, was ihr dem Geringsten meiner Brüder getan habt, habt ihr mir getan‹. Das ist der Quell und der Sinn unserer Berufung!« Man muss es ihm glauben, wenn man ihn später erlebt, mit welcher Herzlichkeit am Abend im Speisesaal all die Leute begrüßt und mit welcher Weltoffenheit er das Gespräch mit Menschen sucht und findet. »Wir respektieren die Menschen, die zu uns heraufkommen, wir fragen nicht nach ihrer Religion oder ihrem Glauben an Gott, nein, unsere Aufgabe ist es, den Menschen als Geschöpf Gottes zu empfangen!« Bei all dem Einsatz für andere, in dieser abweisenden Natur – kommen da nie Angst, nie Einsamkeit auf? »Nein, nein! Diese Frage wird mir oft gestellt. Der Winter hier ist kein Grund der Angst für mich. Er hat im Oktober angefangen und wird im Juni enden. Wir haben im Winter eine Zeit lang keine Sonne und es kann in jedem Monat des Jahres schneien. Die Natur ist wichtig, um in ihr die Spuren Gottes zu fühlen.«

> Was ihr getan habt einem von diesen
> meinen geringsten Brüdern, das habt ihr mir getan.
>
> MATTHÄUS KAPITEL 25, VERS 40

In den letzten Jahren hat der Besucherstrom stetig zugenommen, auch oder vielleicht gerade deswegen, weil das Hospiz nur mit Schneeschuhen oder Skiern zu erreichen ist. An die 6000 Besucher zählt man pro Winter, darunter sind sportliche Tourengeher, Gruppen, die an geistigen Exerzitien teilnehmen, Menschen, die Ruhe, Einkehr und Stille in der grandiosen Natur erfahren wollen oder die Trost suchen. »Manchmal kommen Menschen, die ein Gespräch mit dem Priester wünschen, weil sie Frieden im Herzen suchen. Wir treffen leidende Menschen und unsere Aufgabe ist es, sie anzuhören und geistig zu begleiten.« Manchmal macht Raphael auch eine Skitour mit Jugendlichen. Ob er ein guter Skifahrer ist? Er lacht: »Nicht mehr so besonders. Aber ich kann mit Menschen etwas erleben und das ist das Schöne in unserem Orden.«

SYMBOL DER HOFFNUNG

Das ist auch ein Grund für seine Fröhlichkeit: »Ich bin zufrieden, hier zu leben und das ist ein gutes Zeichen, dass ich in meiner Berufung bin.« Man darf es ihm glauben. Und wenn er je wieder hinunter müsste? »Wenn man unserer Kongregation beitritt, muss man Christus wählen. Es wäre nicht richtig, wenn ein junger Mann nur wegen der Bergwelt oder dem Hospiz in die Kongregation eintreten würde. Aus diesem Grund wurde ein junger Mann, der bereits die erste Profess (das erste Gelübde) abgelegt hatte, nicht angenommen. Der wollte immer nur als Bergführer üben!« Raphael ist überzeugt, dass man als Ordensmann in der heutigen Zeit wahr und authentisch sein muss und wenn man glaubt, dann nicht nur mit dem Kopf, sondern auch mit dem Herzen. »Unser Wappen trägt das flammende Herz Jesu und den Stern. Der Stern ist Symbol der Hoffnung, das Licht in der Dunkelheit. Wie das Hospiz als Symbol der Hoffnung für die Menschen, die über den Pass gehen und gingen.« Würde Raphael nach unten gerufen, er würde gehen. Aber er würde grandiose Bilder mitnehmen. »Oh ja, und die Erinnerungen an die vielen Menschen!« Der Blick nach draußen ertrinkt im milchigen Weißgelb: Whiteout. Kein Oben und kein Unten. Kein Horizont.

Der Teufel mit Kopfschuss

In einem Aufenthaltsraum hat man ein Stück alter Mauer freigelegt. Regelmäßig geschichtete kleinformatige Steinplatten erzählen von Gründung und Weiterbau ab 1045. Das Hospiz auf dem Pass, der im Mittelalter den Namen Mont Joux (aus dem Lateinischen Mons Jovis) trug, wurde von Bernhard von Aosta geründet. Seine besondere Sorge galt den zahlreichen Pilgern und Reisenden über den Pass Mont Joux, die nicht nur den Unbilden des Wetters schutzlos ausgesetzt waren, sondern auch Opfer von Zollwucherern und Wegelagerern wurden. Zu Bernhards Zeit hatte das Pilgerwesen einen starken Aufschwung genommen, eine Reise zu den Gräbern der Apostelfürsten Petrus und Paulus nach Rom galt als besonders heilbringend. Als Francigena, (Pilger-)Weg der Franken, wurde er im Mittelalter viel begangen und ist neuerdings wieder stark ins öffentliche Bewusstsein gerückt. Zwar nicht so bekannt wie der Santiago-Weg, ist er eine der großen Pilgerrouten Europas und es kommen in den Sommermonaten viele, vor allem junge Pilger, über den Pass, wie uns bestätigt wird. Seit seiner Gründung um 1050 betreuen die Chorherren ununterbrochen das Hospiz, sagt Raphael.

Die Geschichte des Übergangs ist wesentlich älter. Funde belegen, dass er schon zur frühen Eisenzeit begangen wurde. Für die Römer rückte er zu einem der wichtigsten Alpenübergänge überhaupt auf, der Oberitalien mit Gallien und dem Rhein verband. Auf der Passhöhe errichteten die Römer eine Mansio, ein Versorgungsgebäude für Soldaten und Reisende, und bauten dem Jupiter einen Tempel. Im Museum des Hospizes ist die kleine Jupiterstatue aus Bronze mit Votivtafeln und Votivgaben ausgestellt. Auffallend ist eine ganze Reihe von kleinen Votivgaben in Form von Füßen: Eine richtige römische »Caliga«, der robuste römische Marschschuh, wie ihn die Legionäre schnürten, trug bis zu achtzig Nägel in der Sohle aus Rindsleder. Wenn da der Schuh drückte, dann ordentlich!

MIT HUT UND WALLENDER SOUTANE

Gleich mit dem Bau des ersten Hospizes wurde wohl auch eine Kapelle errichtet, aus der die heutige Krypta, die Unterkirche hervorging. Es herrscht eine ganz besondere Atmosphäre in diesem schlichten Raum. Raffiniert ist die Lichtgestaltung des Gewölbes mit Sternbildern. Das bekannteste ist das des Kleinen Wagens, dessen Deichselende der Polarstern bildet. »Es ist das Symbol für das Hospiz, das den Leuten den Weg weist.«, sagt Raphael. Als lyrisches Zugeständnis mag das Sternbild der Leier für den Chorgesang der Chorherren gelten, die sich hier täglich zu den Horen und zur heiligen Messe versammeln. Die Oberkirche stammt aus dem 17. Jahrhundert. Das Chorgestühl im Altarraum wirkt sehr vornehm in dunklem Nussholz. Viel leerer Platz, denke ich, früher einmal muss die Gemeinschaft zahlenmäßig wesentlich größer gewesen sein. Übrigens war früher einmal auch der Habit ein ganz anderer, die Chorherren trugen eine knöchellange Soutane und einen breitkrempigen Tellerhut à la Don Camillo. Äußerst unpraktisch, vor allem bei der Bergung von Verunglückten. Und die zeitgenössischen Fotografien von skifahrenden Chorherren mit Hut und wallender Soutane sind ganz einfach kurios. Seit 1992 tragen die Chorherren einen neuen, sportlich eleganten »Habit« bestehend aus schwarzer Hose, milchweißem Rollkragen und einem einfachen griechischen Holzkreuzchen auf der Brust. Sehr schick anzusehen und sicher bequem zu tragen. In der Klausur hängen zwar hinter dem Eingangsgitter fünf schwarze pelerinenartige Mäntel, »aber die zieht niemand mehr an«, sagt Raphael. Gleich drei-, viermal findet sich eine Skulptur vom heiligen Bernhard mit dem Teufel an der Kette zu seinen Füßen, das Gesicht des Teufels hässlich wie auf den populärwissenschaftlichen Aufklärungsschriften der Verbrecherphysiognomien. Ein Teufel trägt sogar eine klaffende Kopfwunde, als wäre er mit einem Kopfschuss erlegt worden. Warum Bernhard immer mit dem Teufel dargestellt wird, haben wir nicht richtig herausgefunden.

NAMENLOSE TOTE

Und dann überrascht uns Raphael an einem Seitenaltar mit etwas ganz Besonderem: durch die Glasplatte der Altarmensa blickt man wie in einen offenen Sarg hinein, in dem mit wallendem Blondhaar und gehüllt in Goldbrokat eine junge Frau zu schlafen scheint. Es ist die heilige Faustina, deren Reliquien in den Calixtus-Katakomben gefunden worden waren. Papst Leo XII ließ sie einkleiden und schmücken und schenkte sie den Chorherrn als Anerkennung für ihre Tätigkeit. Eine schöne Tote: Welcher Prinz wird sie wach küssen? Die weniger schönen Toten liegen in der »Morgue«, im Beinhaus, dem kapellenartigen Nebengebäude des Hospizes aus dem 15. Jahrhundert. Es sind die sterblichen Überreste der Verunglückten, die niemand kannte. Es sollen an die 120 sein, teils mumifiziert in der kalten Luft: Seit 1950 ist das Ossarium zugemauert.

Um 17:30 Uhr zelebriert Raphael die Messe in der Krypta, assistiert von Diakon Frèdèric, in drei Sprachen. Das Evangelium spricht vom Gleichnis des guten Hirten, der seine Schafe kennt und sein Leben für sie lässt, und von der Tür, durch die man hindurchgeht und selig wird. Raphael greift in der Predigt das Bild der Tür auf und schlägt einen geschickten Bogen zum Hospiz. Die Feier ist schlicht, aber nicht ohne Suggestion, besonders dann, wenn Frèdèric seine schöne Stimme einsetzt. Da vorne sind zwei Hirten, die es sich zur Aufgabe gemacht haben, im Empfangen und Bewirten von Menschen die Nachfolge des »guten Hirten« anzutreten.

Im Bauch des Hospizes

Wie übersteht man einen Winter hier auf nahezu 2 500 Metern ohne Zufahrt? Mitte Oktober, vor dem endgültigen Wintereinbruch, kommen zwei mit Lebensmitteln vollbeladene Laster auf den Pass. Die Lebensmittel werden ausgeladen und im Kellerlabyrinth verstaut und fachgerecht gelagert. Da wollen wir uns umschauen. Wir kommen vorbei am ehemaligen Weinkeller mit zwei voluminösen Holzfässern, die an Rohre angeschlossen sind. »Das sind unsere Behälter für das Duschwasser!«, lacht Raphael verschmitzt. Einmal waren es angeblich vier Fässer, in denen der Wein aus den eigenen Weingütern gelagert wurde. Da hatten die Säumer und Pferdefuhrwerke nicht wenig zu tun, wenn sie diese Fässer füllen sollten. Überhaupt bemühten sich die Chorherren immer, im Herbst genügend Vorräte für den Winter einzulagern.

Im Mai des Jahres 1800 zog Napoleons Heer aus 40 000 Soldaten über den Pass. »Im Verlauf des Jahres 1800 lieferte das Hospiz den französischen Soldaten 21 724 Flaschen Wein, 3 498 Pfund Käse, 749 Pfund Salz, 400 Pfund Reis, 500 Pfund Brot, 1 758 Pfund Fleisch, 500 Leintücher und Bettdecken, die man in Gamaschen und Hosen umwandelte. Die Gesamtausgaben betrugen

Fr. 40000.–, aber das Hospiz erhielt nur Fr. 18000.– und dies erst nach 1805.« Schlimmer erging es den armen Bauern aus dem Wallis, die mit Muskelkraft die Rohre der zerlegten Geschütze in hohlen Baumstämmen emporzogen, denn von den zugesagten 1000 Franken für jede oben angekommene Kanone sahen sie so ziemlich gar nichts. Immerhin kam der französische Staatspräsident François Mitterand 1984 nach Bourg-Saint Pierre am Aufstieg zum Großen St. Bernhard, spendierte symbolisch einen Franc und stiftete eine Gedenktafel für unbezahlte Rechnungen und abgeholzte Wälder. Die Tafel zeigt Napoleon heroisierend hoch zu Ross genauso wie auf dem berühmten Bild von Jacques-Louis David: beide Darstellungen sind eine historische Lüge, denn Bonaparte erreichte den Pass ganz unheroisch auf dem Rücken eines einfachen Maultiers.

Der heutige Weinkeller wirkt recht unscheinbar mit seinen Weinflaschen in Kartonen und auf Regalen, die offensichtlich jetzt zu Winterende allmählich zur Neige gehen. Wir stolpern durch dürftig beleuchtete Kellergänge und langsam, nicht ganz unerwartet, fängt es an, recht schön würzig nach Alm zu duften: wir nähern uns dem Käsekeller.

Als Cellerar des Klosters werde aus der Gemeinschaft ein Bruder ausgewählt, der weise ist, reifen Charakters und nüchtern.

REGEL DES HL. BENEDIKT, KAP. 31, VERS 1

Auf breiten Regalen lachen uns die Käselaibe in verschiedenen Größen und Formen entgegen. Sie stammen alle von Almen diesseits und jenseits des Passes, die dem Hospiz gehören. »Wir verpachten die Almen und kaufen den Pächtern die Käse ab. Schließlich wollen wir ja auch die Berglandwirtschaft und die Almwirtschaft unterstützen!«, erklärt Raphael. Ob die Käse denn alle einen Namen haben? Und es folgt eine ganze Litanei auf Französisch, von der einzig und allein Gruyère einigermaßen bekannt klingt. Dreimal in der Woche werden die Laibe gewendet und feucht abgewischt mit einer Flüssigkeit aus mit Wasser verdünntem Weißwein. Raphael nimmt ein großes Käsemesser, schneidet Scheiben zum Verkosten ab und verteilt sie wie Oblaten. Charaktervolles, sehr würziges Aroma fernab vom Standardgeschmack nivellierter Massenproduktion. Ehrenvoll diese sympathische Unterstützung der lokalen Almwirtschaft durch das Hospiz. Und nicht selbstverständlich. Guillaume, unser Bergführer, staunt; neugierig hatte er sich uns angeschlossen, oft schon war er im Hospiz gewesen, aber ins »Käse-Allerheiligste« habe er noch nie dürfen.

In einer Ecke rosten Mäusefallen vor sich hin. Gibt es Katzen im Hospiz? Nein, jetzt nicht mehr, sie hätten einmal eine Katze gegen die Mäuse gehalten, aber die habe mit den Mäusen gemeinsame Sache gemacht und sich einvernehmlich mit ihnen über den Käse hergemacht. Erbost habe der Prior daraufhin die Katze am Nacken gepackt und aus dem Hospiz geworfen. Drei Wochen später fand man sie, äußerst abgemagert, aber lebendig, in einem abgelegenen Schuppen. Man gewährte ihr Asyl bis zum Frühjahr. Im Kartoffelkeller würde es eine Katze wieder tragen, unübersehbar in einer

Ecke sind Spuren von Mäuseкötel. Wer weiß, vielleicht nehmen die Mäuslein den Hospizgedanken auch für sich in Anspruch. Blitzblank sauber präsentieren sich Kühlzellen und Kühlraume. Das eingelagerte Brot reicht nur bis Ende Februar, dann fliegt ein Helikopter frisches Brot ein. Dieses Jahr haben sie begonnen, Brot selbst zu backen.

FRÖHLICHE GEMEINSCHAFT

Beim Abendessen herrscht fröhliche, unkomplizierte Hüttenstimmung, verschiedene Gruppen sind da, Franzosen, Nordländer, an unserem Tisch zwei sportliche Damen aus Frankfurt mit ihrem Bergführer. Und die zehnjährige Stefanie mit ihrem Vater aus der Nähe von Olten. Ganz stolz ist sie, es hier herauf geschafft zu haben. Sie hatte eine Reportage über das Hospiz in einem Magazin gesehen und wollte es live erleben. In der Schule, sprudelt es aus ihr heraus, klappe es nicht so ganz besonders mit der Klassengemeinschaft. Aber diese Tour hier, die mache sie stark und gebe ihr Mut und Selbstbewusstsein. Derweil gießt ihr Frèdèric mit gekonntem Schwung wie ein maghrebinischer Wasserverkäufer Tee in ihre Schale. Es gibt die Suppe, dann Safranreis und Chili con carne. Dazu verputzen wir eine Flasche Pinot noir aus der Umgebung von Martigny. Raphael heißt alle willkommen und hält eine launige Ansprache, in die er geschickt ein wenig Chorherrn-Philosophie verpackt. Es muss am Pinot noir gelegen haben, dass ich die Komplet, das Abendgebet, verpasse. Ein kurzer Blick vor die Haustür bestätigt: immer noch kalter Nebel. Keinen Hund würde man bei so einem Wetter vor die Tür jagen – höchstens einen Bernhardiner.

Reflexion auf dem Petit Mont Mort

Die Stille der Nacht hat sich über das Hospiz gelegt. Im Fensterkreuz der Dachgaube blinkt ein Stück sternenklarer Nachthimmel. Zum Greifen nah scheinen die Sterne. Bilder von weit her schieben sich ins Bewusstsein. Die Silhouetten bizarrer Felstürme, über die sich ein samtener Nachthimmel mit Myriaden von leuchtenden Sternen spannt. Im Rücken die nackte Steinmauer der Einsiedelei. Assekrem in den Bergen des Hoggar der Südsahara bei den »Kleinen Brüdern Jesu«. Es ist kurz vor dem Morgengrauen. Damals ging mir auf, dass gerade in solchen Bildern eine mögliche Antwort darauf liegt, warum die großen Weltreligionen in der Wüste entstanden sind. Und warum die ersten Mönche aus der Wüste kamen. Nichts hat die Wüste als Leere.

Im Jahr 1911 ließ Charles de Foucauld in Assekrem auf 2600 Metern eine Einsiedelei bauen. Er war tief berührt von der Einzigartigkeit der Landschaft, in deren Eindringlichkeit er das absolute Alleinsein mit Gott verspürte. Nachfühlbar das, so an die Steinmauer gelehnt und in der unendlichen Stille die Morgendämmerung erwartend. Ein Schweben in Zeitlosigkeit. Das Selbstverständnis der Chorherren im Hospiz ist ein anderes. Raphaels Worte klingen nach:

»Ich brauche keine Wüste, um Gott zu finden. Aber wenn Neuschnee gefallen ist und danach der Wind aufkommt, dann hat die Natur etwas Außerordentliches und etwas Mystisches.«

Glasklarer Morgen vor Sonnenaufgang auf dem Pass. Dohlen lärmen an der Stelle, wo ein Angestellter Küchenabfälle in den Schnee schüttet. Raphael und Frèdèric feiern die Messe um diese Zeit. Die Bergspitzen leuchten auf, und leise und unaufhaltsam verschlingt die Sonne die Schatten der Schneehänge, lässt unzählige Eiskristalle aufblitzen. Reif auf den Kreuzen. Die ersten Tourengeher fahren ab. Wir steigen auf zum Kleinen Mont Mort. Bei jedem Tritt rieseln kleine Lawinen von Eiskristallen in die Tiefe. Der Schnee ist schön hart und trägt, wir brechen kaum ein. Je weiter wir aufsteigen, umso mehr weitet sich der Horizont, der eine oder andere Schneehang trägt eine braune Verfärbung, anzusehen aus der Ferne wie ein bräunlicher Pinselstrich: eine abgegangene Lawine. Oben auf dem Gipfel das große Panorama. Spitzen um Spitzen im weiten Rund, als ob es nichts anderes gäbe auf der Welt als Berge und Schnee und Berge und Schnee im gleißenden Weiß.

Du hüllst dich in Licht wie in ein Kleid,
du spannst den Himmel aus wie ein Zelt.

PSALM 104, VERS 2

Ein außergewöhnliches Naturschauspiel. Auch für die Pilger vor dreihundert Jahren? Berge und Pässe waren Orte der Angst und der Schrecknisse, der Muren und Lawinen. Ein zeitgenössischer Text im Museum im Hospiz spricht von einer Gruppe Pilger, die unter Todesgefahr das Hospiz erreicht hatte und sich in der Kirche versammelte. In panischer Angst drängte sich jeder zum Beichtstuhl: Wer wusste schon, ob er den Abstieg nicht mit dem Leben bezahlte?

Die Berge grandios? Auf den Gletschern hausten die bösen Geister oder die unerlösten Seelen, meinten die Menschen unten im Tal. 1729 veröffentlichte der Schweizer Arzt Albrecht von Haller das Versepos »Die Alpen«. Es wurde ein gewaltiger Erfolg mit elf Auflagen noch zu Lebzeiten des Autors. Jean Jacques Rousseau, einer der eifrigsten Leser, fasste das neue Naturgefühl in den Satz: »Zurück zur Natur!« Er wurde zum Evangelium der neuen Generation. Unweit von unserem Pass, am Genfer See, schrieb er – ich werde, wieder zu Hause am Schreibtisch, dieses Zitat in den Bekenntnissen finden: *»Man weiß, was ich unter einer schönen Gegend verstehe. Ich verlange Gießbäche, Felsen, Tannen, dunkle Wälder, raue, auf- und abführende Pfade und fürchterliche Abgründe neben mir.«* Während Natur zur Mode wurde und in Versailles die schicken Damen des französischen Hofes mit ihren gewaschenen Lämmchen an seidenen Bändern promenierten, träumten andere, die höchsten Spitzen der Alpen zu erreichen. 1787 stand der Naturwissenschaftler Horace-Bènèdicte de Saussure, ein Jahr nach der Erstbesteigung durch einen Kristallsucher und einen Arzt, in Stulpenstiefeln und Gehrock auf dem Montblanc, dem höchsten Berg

Europas. Der Rest ist bekannt: Das Hochgebirge und die abweisende Gletscherwelt wurden zum Spiegel der Seele, zum Ort der Selbstfindung, zur extremen Herausforderung. Bis heute.

DIE SPUR ZU DEN MENSCHEN

Die Chorherren vom Hospiz focht das wenig an. Sommers wie winters kamen sie der Aufforderung ihres Ordensgründers nach, bewirteten die Menschen, die über den Pass zogen, retteten Verschüttete und Verirrte zusammen mit den Bernhardinern, den Hunden, die sie seit Jahrhunderten dafür züchteten. 2005 gaben die Chorherren die Zucht dieser Tiere an die *Fondation Barry du Grand-St-Bernard*, eine Stiftung, die nun die Zucht in Martigny weiterführt. Im Sommer darf ein Großteil der Tiere hinauf in ihre ursprüngliche Heimat. »Früher machten die Hunde die Spur zu den Verschütteten und für die Verirrten, heute machen die Hunde die Spur zu den Menschen«, sagt José Mittaz, der Prior.

Wir steigen ab, begegnen in Rufweite des Hospizes einem Eisenkreuz mit sieben Namen von Verschütteten aus jüngerer Zeit. Nichts hat die Natur im Hochgebirge von ihrem Schrecken verloren. Die Dämonen schlafen nur, sie sind nach wie vor omnipräsent. Wir vergessen das nur allzu oft durch Selbstüberschätzung, Technologiegläubigkeit und durch die fatale Einstellung, diese machtvolle Natur mit einer Fitnesshalle zu verwechseln. Der Abschied von Raphael ist herzlich und kurz. Behände verschwindet er in der Tür, die keinen Schlüssel hat und die seit 1050 immer offen ist. Raphael kennt viele Abschiede.

Über den Autor

Sebastian Marseiler, geboren in Schluderns, Südtirol; Literaturstudium in Verona. Vielseitig tätig als Kulturpublizist, Buchautor, Kurator für Ausstellungen und Drehbuchautor von Städte-, Landschafts- und Personenporträts für den Bayerischen Rundfunk und den RAI Sender Bozen. Schwerpunkte seines Schaffens sind Themen über Alltagskultur, Kunst und Künstler, Geschichte und Reisen. Mitglied im Südtiroler Künstlerbund Bereich Literatur. 1996 Sonderpreis »Premio del Libro di Montagna« in Trient.

Über den Fotograf

Udo Bernhart arbeitet seit mehr als 35 Jahren als freier Fotograf und Fotojournalist. Im Vinschgau aufgewachsen und der Südtiroler Landschaft eng verbunden, führten ihn Aufträge in die ganze Welt: u. a. nach Feuerland, China, Alaska, Kamtschatka. Seine Aufnahmen sind in deutschen sowie internationalen Magazinen erschienen. Er hat zahlreiche Fotoreportagen und mehr als 70 Bildbände veröffentlicht. Darunter auch ein Buch über Bergklöster in den Alpen und im Himalaja. Er lebt in Frankfurt am Main. www.udobernhart.de

Hinweis

Einige Patres und Brüder von Marienberg weilen nicht mehr unter uns. Sie sind von ihrer »vorletzten« in ihre »letzte Heimat« hinübergegangen. Es sind dies Pater Josef Joos † 13.12.2006 (Titel, Seiten 14 und 25), Pater Dominikus Folgheraiter † 28.11.1999 (Seite 6), Bruder Alois Zöschg † 28.09.2002 (Seiten 17 und 20), Bruder Gallus Raffeiner † 15.08.2011 (Seite 18), Bruder Heinrich Raffeiner † 17.01.2007 (Seite 19), Pater Georg Gärtner † 22.09.2002 (Seite 23).

Dank des Fotografen

Für die freundliche Aufnahme in den einzelnen Klöstern mit meiner Kamera und das mir entgegengebrachte Vertrauen möchte ich mich ganz herzlich bedanken. Besonders bei Äbtissin Ancilla Hohenegger, Priorin Domenica Dethomas, Abt German Erd, Abt Markus Spanier; Prälat Georg Untergaßmair und Herrn Raphael.

Impressum

Bibliografische Information der Deutschen Nationalbibliothek
Die Deutsche Nationalbibliothek verzeichnet diese Publikation in der Deutschen Nationalbibliografie; detaillierte bibliografische Daten sind im Internet über http://dnb.d-nb.de abrufbar.

BLV Buchverlag
GmbH & Co. KG
80797 München

Bildnachweis: Alle Fotos Udo Bernhart;
Autorenfoto Sebastian Marseiler (Umschlag): Tobias Marseiler
Ornament: Gisela Rüger
Umschlagkonzeption: Kochan & Partner, München

Lektorat: Brigitte Millan-Ruiz, Wien
Herstellung: Ruth Bost
Layoutkonzept Innenteil, Satz und Layout: griesbeckdesign, München

Gedruckt auf chlorfrei gebleichtem Papier

Printed in Germany
ISBN 978-3-8354-1165-4